AF396987

RAPPORT

PRÉSENTÉ

A SA MAJESTÉ L'EMPEREUR

SUR UN

NOUVEAU SYSTÈME DE TÉLÉGRAPHIE

RAPPORT

PRÉSENTÉ

A SA MAJESTÉ L'EMPEREUR

SUR UN

NOUVEAU SYSTÈME DE TÉLÉGRAPHIE

PERMETTANT D'ABAISSER LA TAXE TÉLÉGRAPHIQUE EN FRANCE

PAR

GUSTAVE MARQFOY

ANCIEN ÉLÈVE DE L'ÉCOLE POLYTECHNIQUE, ANCIEN INSPECTEUR DES LIGNES TÉLÉGRAPHIQUES,
INGÉNIEUR DE LA COMPAGNIE DES CHEMINS DE FER DU MIDI.

BORDEAUX

TYPOGRAPHIE G. GOUNOUILHOU

place Puy-Paulin, 1.

1859

TABLE DES MATIÈRES.

NOUVEAU SYSTÈME

DE

TÉLÉGRAPHIE

PERMETTANT

D'ABAISSER LA TAXE TÉLÉGRAPHIQUE EN FRANCE.

I

ÉTAT STATIONNAIRE DE LA TÉLÉGRAPHIE.

L'ouverture du service de la Télégraphie privée en France a eu lieu le 1er mars 1851.

Depuis cette époque, ce service a pris un développement successif, que les chiffres suivants mettent en évidence :

Produits de la Télégraphie (nombres ronds).

1851...............	76,000ʳ
1852...............	542,000
1853...............	1,512,000
1854...............	2,065,500
1855...............	2,487,000
1856...............	3,191,000
1857...............	3,333,000
1858...............	3,667,000

Proposons-nous d'apprécier, à l'aide de ces nombres, les progrès de la Télégraphie depuis son origine.

Les causes qui influent sur les recettes sont :

1° *L'abaissement des taxes;*

2° *L'introduction de l'usage du Télégraphe dans les habitudes de la population, pour une taxe déterminée;*

3° *L'extension du Réseau.*

Ce n'est donc pas par l'augmentation de la recette totale que l'on peut juger si la Télégraphie progresse, puisque cette augmentation peut être due à la simple extension du Réseau, mais bien par l'augmentation des recettes *dans chacune des localités où le service est ouvert :*

Les nombres de stations ouvertes à la Télégraphie privée ont été :

En 1852, de	39
1853, de	84
1854, de	117
1855, de	150
1856, de	167
1857, de	171
1858, de	186

En divisant ces nombres de stations par les recettes des années correspondantes, on trouve que la recette moyenne par station a été :

		Augmentation annuelle.	
En 1852, de.... 13,897^f			
1853, de.... 18,000	4,103^f	
1854, de.... 18,504	504	
1855, de.... 16,580	1,924	
1856, de.... 19,108	3,528	1,604^f
1857, de.... 19,492	384	
1858, de.... 19,715	223	

Ainsi, de 1853 à 1858, la recette moyenne par station n'a augmenté que de 1,745 fr., c'est-à-dire de 1/11. Il est vrai que les 84 stations de 1853 sont plus importantes que les

102 stations ultérieurement ajoutées; mais d'un autre côté, la recette des 84 stations est une recette obtenue avec 84 stations seulement, tandis que la recette des 102 stations ajoutées est une recette obtenue, non-seulement entre ces 102 stations, mais entre ces 102 stations *et les 84 autres*. On peut donc conclure que parmi les trois causes énumérées, l'*extension du Réseau*, seule, a produit un résultat; l'influence des deux autres a été peu sensible, et par suite *l'usage du Télégraphe n'a fait à peu près aucun progrès depuis l'origine du service.*

II

CAUSES DE CET ÉTAT.

L'*abaissement des taxes* et l'*habitude du Télégraphe*, disons-nous, n'ont encore que faiblement contribué aux progrès de la Télégraphie.

Quelles en sont les causes?

Examinons, en premier lieu, les transformations diverses que la taxe a subies depuis 1851.

Le nombre de dépêches présentées par le public ayant été :

En 1851, de	9,014
1852, de	48,105
1853, de	142,061
1854, de	236,018
1855, de	254,532
1856, de	360,299
1857, de	413,616

Le produit moyen d'une dépêche a été :

		Variation.
En 1851, de	8ᶠ51ᶜ	
1852, de	11 28	+ 2ᶠ77ᶜ
1853, de	10 64	+ 1 02

		Variation.
En 1854, de......	8ᶠ 75ᶜ	— ∘ᶠ 64ᶜ
1855, de......	9 77	— 1 89
1856, de......	8 85	— ∘ 92
1857, de......	8 06	— ∘ 79

On juge, par ces chiffres, que les abaissements successifs ont toujours été trop peu sensibles pour provoquer des augmentations notables dans le nombre des dépêches. L'abaissement de taxe n'a pas encore atteint, malgré ses variations, la limite nécessaire pour que toute une classe nouvelle de la population, la classe moyenne, c'est-à-dire la plus nombreuse, soit réellement admise à user du télégraphe. Aussi, les Directeurs des postes télégraphiques, sous les yeux desquels les dépêches passent incessamment, ont lieu de constater chaque jour qu'elles ne sortent jamais du même cercle : *Bourse, haut commerce, événements de famille.*

Une autre cause, il faut bien le reconnaître, a contribué aussi à retarder le développement de la Télégraphie : l'Administration, au début, a rencontré de sérieuses difficultés dans la réalisation matérielle et la mise en train du service. Les incertitudes inhérentes à toute organisation nouvelle n'ont cependant pas arrêté ses travaux : en sept années, on a construit 11,430 kilomètres de lignes à plusieurs fils; on a créé des postes télégraphiques dans les cent quatre-vingt premières villes de la France; on a organisé des services internationaux avec tous les pays de l'Europe; on a étudié, perfectionné les appareils; on a enfin appris à dompter ces mille caprices de l'électricité, caprices tels qu'un seul point défectueux, sur des longueurs de 500 et 1,000 kilomètres, peut interrompre pour plusieurs jours le service d'une ligne entière. Ces travaux complexes, disons-nous, ces difficultés aujourd'hui vaincues, ont absorbé pendant cette période les soins de l'Administration, qui devait remettre à une autre époque l'élaboration des moyens à appliquer pour l'exploitation commerciale de la Télégraphie.

Aujourd'hui, la période d'organisation est passée, les services sont fermement établis, les employés formés, les appareils construits avec précision, les lignes bien entretenues, les dérangements rares, sauf encore ceux qu'il faut attribuer à l'imperfection même du système de construction de lignes, et qui ne disparaîtront que par l'adoption d'un système nouveau. Le Réseau n'a plus qu'à se compléter, soit par l'addition de fils, soit par l'ouverture de nouvelles stations au public. L'Administration, mûrie par l'expérience de plusieurs années, distingue aujourd'hui d'une manière nette la voie qu'elle doit suivre pour développer ses ressources. Un horizon très-vaste s'ouvre à elle ; la Télégraphie actuelle n'est que le germe d'un état plus parfait, qui, en étendant ses ramifications jusqu'au cœur des relations sociales, doit donner une impulsion nouvelle à l'industrie et à la prospérité du pays.

Pour y atteindre, il faut abaisser les taxes et se mettre en mesure de transmettre avec régularité le surcroît de dépêches qui doit résulter de cet abaissement.

Nous allons développer ici les moyens d'entrer dans la voie de ce progrès. Nous résoudrons, dans ce but, les deux questions suivantes, dont la solution renferme les éléments d'une pplication immédiate :

Les moyens actuels de transmission télégraphique sont-ils suffisamment utilisés ?

A-t-on des moyens plus parfaits à appliquer ?

III

1ᵉʳ POINT. — LES MOYENS ACTUELS SONT-ILS SUFFISAMMENT UTILISÉS ?

Le nombre d'appareils télégraphiques mis en jeu en 1857 a été de 529 (170 français, 359 Morse).

Le nombre de dépêches transmises dans la même année a été de 475,050, se décomposant comme suit :

Dépêches privées	413,000	
Dépêches du Gouvernement	16,425	}
Dépêches de service	45,625	} (¹)
	475,050	

Mais certaines dépêches ont exigé plusieurs transmissions; d'autres ont été plus longues que la dépêche ordinaire. Il importe de transformer ce nombre de dépêches en *nombre de transmissions de 20 mots*, pour pouvoir mesurer avec exactitude le *travail* auquel elles ont donné lieu.

Il résulte du calcul fait dans la Note 1, que le *nombre moyen de mots d'une dépêche privée* ou *de service* est de *22*, et celui *d'une dépêche du Gouvernement* de *34*, et aussi qu'*une dépêche donne lieu, en moyenne, à 1,8 transmissions*

Le nombre de transmissions de 20 mots correspondant aux

(¹) Ces deux chiffres, que la statistique n'a pu fournir, résultent de l'appréciation du Directeur du poste central de Paris, M. Grosjean, qui évalue à :

15	le nombre journalier de dépêches *du Gouvernement* partant de Paris.			
30	—	—	—	partant de province.
25	—	—	*de service* partant de Paris.
100	—	—	—	partant de province.

475,050 dépêches précédentes est donc le résultat du calcul suivant :

$$413,000 \times \frac{22}{20} \times 1,8 = 817,740$$

$$+\ 16,425 \times \frac{34}{20} \times 1,8 = \ 50,260$$

$$+\ 45,625 \times \frac{22}{20} \times 1,8 = \underline{\ 90,337}$$

$$\text{Total} \dots\ 958,337$$

Soit, *1,000,000 de transmissions de 20 mots, pour 530 appareils* (en nombres ronds).

Chaque appareil a donc transmis :

$$\text{Par an} \dots\ \frac{1,000,000}{530} = 1,886 \quad \text{dépêches de 20 mots.}$$

$$\text{Par jour} \dots\ \frac{1,886}{365} = \quad 5,2 \quad - \quad -$$

ou encore, chaque ligne à un fil, comprenant deux appareils, un à chaque extrémité, a transmis en moyenne :

$$\text{Par an} \dots\dots\ 3,772 \quad \text{dépêches de 20 mots.}$$

$$\text{Par jour} \dots\dots\ 10,4 \quad - \quad -$$

Pour apprécier le travail des appareils de province, tel qu'il résulte de ces chiffres, nous allons le comparer à celui des appareils de Paris.

Or, au poste de Paris, chaque appareil transmet, en moyenne (voir Note 2), **26,5** *par jour*, ou bien encore chaque fil sert à transmettre **53** *dépêches par jour.*

Les appareils de Paris sont donc mieux utilisés que ceux de province, puisqu'ils font cinq fois plus de travail, ce qui tient à ce que la taxe, pour les dépêches de province, n'est pas en harmonie avec les moyens d'action de l'Administration. Dans l'état actuel, en effet, l'Administration *a la possibilité matérielle* de transmettre un plus grand nombre de dépêches privées ; elle peut, sans craindre l'encombrement, *abaisser la taxe jusqu'à rendre les appareils de province aussi actifs que ceux de Paris.*

Mais il est possible d'augmenter encore la latitude qui résulte des considérations précédentes. Nous avons, en effet, établi une comparaison entre le *nombre total d'appareils du poste central de Paris* et le *nombre total de dépêches de ce poste.* Or, dans le poste central même, le travail des appareils est très-variable : sur les lignes secondaires, les appareils ont peu d'activité ; sur les lignes principales, au contraire, le travail est à peu près incessant. Il résulte de la statistique (voir Note 3) que le travail des lignes principales : Lyon, Londres, Le Havre, est de **50** *dépêches par appareil et par jour,* c'est-à-dire de **100** *dépêches par fil et par jour.*

Nous arrivons à ce second résultat :

L'Administration a la possibilité d'abaisser la taxe en province, jusqu'à élever le rendement journalier de chaque appareil, non pas à 53 dépêches, mais à 100.

On est sûr, en effet, qu'un service est possible avec cette limite, puisque l'*expérience* nous montre qu'elle est réellement atteinte aujourd'hui par le service des grandes lignes de Paris.

La limite que nous venons de trouver est d'ailleurs peu modifiée par cette objection que les lignes de Paris, paralysant l'effet des lignes intermédiaires, les appareils de province doivent fonctionner moins que ceux de Paris ; car, d'une part, il y a jusqu'à un certain point réciprocité ; en outre, Paris étant relié par fils directs avec les principaux points de la France, paralyse peu les transmissions entre villes situées sur le parcours des lignes principales, transmissions qui s'opèrent à l'aide de fils spéciaux.

Observons maintenant que cette limite ne saurait être dépassée par les moyens actuels. Il suffit, en effet, de suivre pendant un jour le service d'une grande ligne pour se convaincre qu'il absorbe à peu près complétement le temps des employés chargés de la desservir.

La fixation de la limite de *100 dépêches par fil et par jour* est donc la réponse à la question que nous voulions résoudre.

IV.

2ᵉ POINT. — A-T-ON DES MOYENS PLUS PARFAITS A APPLIQUER ?

Au début de la Télégraphie électrique, l'Administration française a fait usage de l'appareil Bréguet (appareil français), très-commode pour la période de transition, parce qu'il reproduisait les signaux de la Télégraphie aérienne.

Ce système est aujourd'hui relégué sur les lignes les moins importantes, et le télégraphe Morse, usité sur toutes les lignes principales, tend à être adopté dans tout l'Empire, comme il l'est dans la plupart des pays étrangers.

Dans ce télégraphe, chaque lettre de l'alphabet est formée par la combinaison de points et de lignes: *a* ·— *b* —··· etc.

La transmission télégraphique, au départ, s'opère de la manière suivante : l'employé tient à la main une poignée qu'il peut abaisser un peu à volonté, et qui se relève toute seule.

Les communications électriques sont établies de telle sorte que tout le temps que la poignée du *lieu de départ* est abaissée, une pointe de l'appareil placé *au lieu d'arrivée,* trace une raie noire, continue, sur une bande de papier qui se déroule uniformément.

Dès lors, pour transmettre *un point, au départ,* il faut abaisser *un instant* la poignée et la laisser se relever aussitôt : une *petite raie* est tracée *à l'arrivée.* Pour transmettre *une ligne, au départ*, il faut abaisser *un instant plus long* la poignée, et la laisser se relever ensuite : une *raie un peu plus longue* est tracée à *l'arrivée*.

De la sorte, l'employé, qui a l'alphabet présent à l'esprit, abaisse sa poignée conformément à la série de points et de lignes constituant les phrases qu'il a à transmettre.

Ce système, malgré ses avantages, présente encore de nombreux inconvénients pratiques que nous allons signaler.

Il a été reconnu qu'on peut envoyer en une seconde plusieurs dizaines de courants électriques instantanés dans un fil télégraphique très-long, sans que ces courants *se confondent*.

Comme chaque courant produit un signal, *point* ou *ligne*, suivant sa durée, il en résulte que *le fil est susceptible de transmettre plusieurs dizaines de signaux par seconde*.

Il ne faut donc plus, pour réaliser ces dizaines de signaux dans la pratique, que les *expédier* et les *recevoir*.

Pour les *recevoir*, la question, sans être parfaitement résolue encore, est déjà très-avancée. Les appareils bien construits reçoivent aux plus grandes distances de France de 525 à 600 signaux, soit à raison de 15 signaux par mot, de 35 à 40 mots par minute, ce qui donne déjà une très-bonne vitesse.

Pour les *expédier*, il n'en est pas ainsi : nous avons dit que cette expédition s'effectue à la main. Alors même qu'on n'aurait à transmettre que des points réguliers d'une manière continue, la main ne pourrait en produire que 5 à 6 par seconde; mais dans la transmission des dépêches Morse, les points et lignes se succèdent dans un ordre entièrement irrégulier, et, par conséquent, il faut que la réflexion guide les mouvements de la main. Par suite, au lieu de 5 à 6 signaux, les meilleurs employés n'en transmettent guère que 2 ou 3.

Voici d'ailleurs à cet égard quelques données statistiques.

Les dépêches auxquelles elle se rapportent ont été l'objet d'un choix spécial. Ce sont des dépêches *longues, transmises avec des lignes en parfait état* et *par les meilleurs employés.* Ces conditions sont les plus propres à faire connaître le maximum de vitesse atteint avec la main dans la pratique.

DATE de la transmission.	NOMBRE de mots de la dépêche.	NOMBRE de signes correspondant à raison de 15 signes en moyenne par mot.	TRANSMISSION.			NOMBRE de mots par minute.	NOMBRE de signes par seconde.
			Commencem	Fin.	Durée.		
No 15,970. — 18 août,..	351	5,265	1ʰ 25	2ʰ 13	0ʰ 48'	6,9	1,7
16,192. — 20 — ..	561	8,460	7 46	8 35	0 49	11,5	2,8
14,878. — 5 — ..	225	3,375	3 50	4 5	0 15	15	3,7
14,982. — 6 — ..	252	3,780	10 27	10 44	0 17	14,8	3,7
15,105. — 8 — ..	1,286	19,290	1 44	3 48	2 4	10,3	2,6
15,202. — 9 — ..	1,775	26,625	5 20	10 20	5 00	5	1,2
15,398. — 11 — ..	814	12,210	10 56	12 15	1 19	10,3	2,6
Totaux....	5,267	79,005		Moyennes...		8,3	2,6

soit 8 mots par minute ou 2,6 signes par seconde.

Si, en sortant des conditions spéciales dans lesquelles ces transmissions ont été opérées, nous entrons dans le domaine des transmissions ordinaires, c'est-à-dire des transmissions de dépêches privées par des employés d'une habileté moyenne, les résultats obtenus sont bien inférieurs.

Voici, en effet, les principaux caractères de la transmission ordinaire :

1° L'employé d'habileté moyenne transmet à peu près 6 mots, soit 90 signaux par minute, soit 1,5 signal par seconde, *dans les transmissions continues.* On peut, dans un poste télégraphique quelconque, contrôler l'exactitude de cette donnée expérimentale.

2° Les irrégularités de transmission, auxquelles n'échappent pas les meilleurs employés, étant une cause de difficultés et d'erreurs dans la lecture, à la réception, la fréquence de ces erreurs a rendu obligatoire l'adoption de la règle suivante : *Les chiffres et les noms propres sont répétés. — L'indication du nombre de mots est transmise, et ce nombre vérifié de part et d'autre.*

Ces données nous suffisent pour reconnaître dans le service des lenteurs forcées :

En premier lieu, la transmission continue s'opère à une vitesse très-faible.

En second lieu, la règle que nous venons de citer, d'ailleurs nécessaire, est la cause de plus longs retards : souvent un nom difficile n'est définitivement reçu qu'après plusieurs échanges de renseignements. De plus, si dans la vérification du nombre de mots, un d'eux a été omis ou mal compté (car l'application de la taxe est quelquefois compliquée), les deux employés du départ et de l'arrivée se demandent mutuellement les renseignements nécessaires pour relever l'erreur; et ce qu'il faut bien remarquer, c'est que toutes ces vérifications ont lieu *aux dépens* du fil ; le temps s'écoule, et le fil, au lieu de servir à la transmission de nouvelles dépêches, reste inactif ou sert à transmettre des renseignements qu'une régularité plus grande de transmission eût rendus inutiles.

Enfin, remarquons que même lorsque les employés ont des dépêches accumulées pour la transmission, ils ne peuvent se soustraire, quel que soit leur zèle, aux distractions, aux conversations avec leurs voisins, à toutes les causes, en un mot, qui peuvent momentanément détourner leur esprit ou leurs bras du service des appareils ; et pendant ces moments, courts il est vrai, mais fréquents, les appareils restent encore dans l'inaction.

On est éclairé, par ces considérations, sur la nature des perfectionnements à introduire dans la Télégraphie, et l'on apprécie immédiatement toute l'importance du rôle qu'ils sont appelés à jouer :

Supprimer la transmission manuelle pour supprimer sa lenteur ;

Donner de la régularité aux transmissions pour éviter les erreurs, faciliter la lecture et rendre inutiles les répétitions.

Nous allons essayer de démontrer, en ne nous appuyant que sur des faits, que ce double résultat est complétement atteint par le nouveau système de télégraphie proposé par nous à l'Administration française, système basé sur l'emploi d'un appareil que nous avons créé avec M. Garnier, ingénieur-constructeur.

Le principe fondamental de notre système est la *substitution aux mains de l'homme d'une machine fonctionnant seule.* Le résultat obtenu par l'application de ce principe à la Télégraphie est analogue à celui que ce principe produit par son application à l'industrie humaine : *multiplicité et perfection du travail.*

Une dépêche se présente ; elle est remise à un *Compositeur* qui compose aussitôt cette dépêche par *points* et *lignes,* d'après l'alphabet Morse. Le Compositeur dispose ces points et lignes en relief à la surface d'un *cylindre,* et en hélice sur cette surface. (Le cylindre a une forme particulière qui permet d'opérer cette composition avec une assez grande rapidité.) La dépêche composée est revue, vérifiée, *corrigée s'il y a lieu;* de telle sorte que la machine sort des mains du Compositeur possédant une dépêche *parfaitement exacte,* qu'il faut alors livrer à la transmission.

Le cylindre est placé sur une machine qui lui donne un mouvement de rotation uniforme. Par un jeu analogue à celui des cylindres d'orgues, à mesure que le mouvement de rotation fait passer les points et lignes près de l'extrémité d'un *levier,* ces points et lignes soulèvent ce levier pendant un temps proportionnel à leur longueur ; or, comme on fait produire au soulèvement du levier le même *effet* électrique que celui produit par l'abaissement de la poignée dans le système Morse, on voit que *chaque point ou ligne du cylindre remplace un mouvement de la main effectué dans la transmission actuelle.*

Examinons ce nouveau mode de transmission au double point de vue de la *vitesse* et de la *régularité.*

1° *Vitesse.* — On conçoit que la vitesse est indéfinie. Quelle que soit, en effet, la vitesse de rotation du cylindre, puisque cette vitesse est uniforme, les mouvements du levier auront toujours entre eux les rapports de durée *écrits en relief* à la surface du cylindre. Mais restons bien dans les conditions de la pratique : puisqu'on construit, comme nous l'avons déjà dit, des appareils qui *reçoivent* de 525 à 600 signaux par minute ; que le fil, en outre, peut *transmettre* ces 525 à 600 signaux, il suffira, pour les obtenir réellement dans le service, de donner au cylindre la vitesse qui correspond à 525 ou 600 soulèvements de levier par seconde.

Ainsi aujourd'hui, *avec notre appareil de transmission joint aux récepteurs ordinaires, nous obtenons la vitesse de 525 à 600 signaux par minute ;* et d'ailleurs, avec des récepteurs plus parfaits, on atteindra de meilleurs résultats.

2° *Régularité.* — Au point de vue de la régularité, le compositeur ne livre sa machine à la composition qu'après avoir *relu* sa dépêche sur le cylindre et s'être assuré de son exactitude. On sait donc à l'avance que la transmission doit s'opé-

rer sans erreur. — La machine est mise en mouvement; le cylindre tourne d'un mouvement uniforme; par suite, les *points*,
qui ont tous la même longueur *sur le cylindre*, ont aussi tous
la même longueur à la *réception*. Il en est de même des *lignes*.
Par l'effet de cette régularité mathématique, la lecture devient extrêmement facile, la confusion des *points* et *lignes*
impossible, les erreurs nulles et les répétitions inutiles. D'ailleurs, un signe particulier séparant les mots de dix en dix,
la vérification de leur nombre est immédiate.

Ainsi, pour comparer la vitesse pratique de ce nouveau
système à celle de l'ancien, il faut tenir compte des conditions
suivantes :

> *Substitution à la vitesse moyenne de transmission à la
> main, d'une vitesse qui est au moins quatre fois plus
> grande;*
>
> *Suppression des répétitions de mots et de chiffres;*
>
> *Suppression d'erreurs dans la lecture, à la réception;*
>
> *Suppression de tous les moments perdus par l'employé,*
> soit par la nécessité d'écrire, soit par fatigue, soit par
> toute autre cause, telle que distractions, conversa-
> tions, etc.
>
> *Suppression de la plupart des conversations ou demandes
> de renseignements, échangées par télégraphe.*

On peut conclure de ce qui précède que, étant donnée une
communication télégraphique par un fil entre deux villes
quelconques, il est possible de faire transmettre à ce fil, à
l'aide d'un seul appareil, *sans interruption tant que la communication est bonne,* 25 mots par minute, c'est-à-dire 18 mille
mots ou 900 dépêches de 20 mots par journée de 12 heures;
c'est-à-dire, encore, 328 mille dépêches par an. Il suffit

pour cela d'avoir le *personnel* nécessaire pour composer ces dépêches, de façon à alimenter *d'une manière continue* de cylindres composés le fil de transmission.

Mais nous ne faisons ici qu'une simple appréciation; deux causes empêchent cette possibilité d'être réalisée dans la pratique : *l'état incomplet du Réseau français, et l'imperfection des communications électriques.*

Disons quelques mots de chacune de ces causes, pour faire apprécier leur importance :

Réseau. — Le Réseau étant incomplet, on est obligé de faire servir les mêmes tronçons de lignes à transmettre les dépêches à destination des diverses villes situées sur les prolongements de ces tronçons. Les employés doivent donc, avant toute transmission, s'entendre préalablement, pour que les communications soient bien établies entre les points qui doivent correspondre. Pendant l'établissement de ces communications, les appareils ne peuvent transmettre des dépêches.

D'un autre côté, les postes intermédiaires, placés momentanément hors du circuit électrique pendant le travail des postes extrêmes, restent dans l'inaction.

Enfin, la force électrique qui fait fonctionner les appareils variant avec la distance, ces appareils doivent subir un réglage pour chaque variation importante dans cette distance.

Ces diverses circonstances sont la cause de nombreuses pertes de temps.

Communications.— Les lignes sont sujettes à des dérangements fréquents. Ces dérangements, qui se manifestent rarement dans l'intérieur des postes télégraphiques, dont l'établissement est aujourd'hui perfectionné, sont dus surtout aux lignes télégraphiques extérieures. Lorsque le temps est humide, le courant électrique se perd en partie dans le sol en suivant le chemin que lui offre l'humidité interposée entre le fil et le sol : dès lors il ne reste plus au courant une force suffisante pour faire fonctionner les appareils. En outre, s'il existe des pertes, elles varient quelquefois d'intensité lorsque les fils sont agités par une cause quelconque ; par suite, la force qui fait marcher les appareils est variable, et comme, ainsi que nous le disions plus haut, à chaque intensité de force correspond pour ainsi dire un réglage particulier des appareils, leur fonctionnement est irrégulier tant que la force varie.

Indépendamment des cas spéciaux où des interruptions accidentelles se manifestent, l'expérience a fait reconnaître l'existence de dérangements périodiques : A certaines époques de l'année, pendant les premières heures du matin et les dernières du soir, heures où le temps devient humide, la transmission est difficile, souvent impossible. Dans la journée, au contraire, elle est rarement interrompue.

Il est très-utile de connaître l'importance de ces dérangements, au point de vue de leur durée : La statistique (voir Note 4), a donné le résultat suivant :

Avec le système actuel de lignes télégraphiques, les dérangements paralysent le fonctionnement des appareils pendant les 3/20 du temps.

Si nous ajoutons, pour les échanges de dépêches nécessitées par l'état incomplet du Réseau, pour la perte de temps due aux communications directes et pour les réglages d'appareils, 2/20 du temps (proportion plus que suffisante, attendu que nous proposerons bientôt de ne placer nos appareils que sur les lignes principales desservies par conséquent par fils directs et non par communications directes), nous arrivons à cette conclusion, que *l'on peut, dès aujourd'hui, par l'ap-*

plication du nouveau système, réaliser pratiquement les 3/4 de 900 dépêches, soit 675 dépêches par appareil et par jour.

Ces conclusions sont confirmées par l'expérience : nos appareils, installés **au Poste Central de Paris,** ont transmis des dépêches de Paris à Bruxelles à la vitesse de 35 A 40 MOTS PAR MINUTE.

On doit donc considérer aujourd'hui comme résolu le problème de la transmission télégraphique. Dès aujourd'hui, en effet, *nous réalisons pratiquement 675 dépêches par appareil et par jour.* Si notre appareil n'en transmet pas davantage, c'est que des causes *indépendantes de sa nature, et qui paralyseraient d'une manière égale tout autre système de transmission,* s'y opposent momentanément. Ainsi, lorsque le Réseau sera plus perfectionné, le nombre de 675 dépêches par jour sera augmenté du $\frac{1}{3}$. En outre, notre système s'appropriant à tout progrès nouveau réalisé, soit dans l'*organisation du service,* soit dans la construction des appareils de *réception,* sera susceptible de donner des résultats de plus en plus importants comme vitesse de transmission *réelle* et *pratique.*

Ainsi, puisque l'Administration possède aujourd'hui un appareil de transmission susceptible des plus grandes vitesses, elle n'a plus qu'à concentrer ses efforts sur le perfectionnement des *communications* et de l'*organisation générale du service.*

V

RÉFORME PROPOSÉE.

Nous avons reconnu, au début, que les télégraphes de province ne sont que faiblement utilisés. On aurait pu augmenter leur travail en abaissant la taxe; mais on était dans l'alternative, ou de créer des tarifs différentiels dont l'étude devenait très-complexe, ou d'abaisser la taxe d'une manière générale, ce qui eût exigé un déploiement anormal de communications, pour desservir les relations de Paris.

Cette difficulté disparaît par l'adoption de notre système sur les lignes principales : en abaissant la taxe dans toute la France, les appareils de province pourront fournir leur maximum de travail (rendre, par suite, le plus de services possible), et nos appareils feront face aux nouveaux besoins du poste de Paris.

Nous proposons la substitution immédiate de notre système au système Morse sur 30 fils des principales lignes de Paris, chaque ligne étant double, c'est-à-dire ayant un fil pour les dépêches qui vont dans un sens, un fil pour les dépêches qui vont en sens contraire.

En admettant réalisée cette substitution, œuvre de 6 mois, recherchons le nombre de dépêches que l'Administration serait en mesure de transmettre annuellement, comme service normal, dans toute la France.

D'après le relevé fait au 1er janvier 1859, l'Administration possède 620 appareils (Morse ou français, leur vitesse est la même) en activité.

Ainsi que nous l'avons précédemment établi, chacun de ces appareils peut effectuer 100 transmissions de 20 mots par jour, en service normal, à la condition de travailler d'une manière à peu près continue.

Mais il y a lieu de tenir compte encore ici des pertes de temps dues à l'état incomplet du Réseau. Nous estimerons, pour être au-dessous de la vérité, à 50 p. 100 la durée moyenne du temps perdu par les appareils de province pour communications directes, etc.

Par conséquent, le travail possible de chaque appareil étant réduit à 50 transmissions de 20 mots par jour, les 620 appareils donneront par an : $50 \times 620 \times 365 = 11,315,000$ transmissions de 20 mots.

Chacun de nos appareils effectuant 500 transmissions de 20 mots par jour (nous disons 500 au lieu de 675 pour être au-dessous de la vérité), les 30 appareils installés sur les 30 fils des 15 lignes partant de Paris, donneront par an : $30 \times 500 \times 365 =$ .... 5,475,000 transmissions de 20 mots.

Nombre total de transmissions de 20 mots.. 16,790,000

Ainsi, l'Administration peut, par la substitution que nous avons proposée, effectuer annuellement 16,800,000 *transmissions de 20 mots,* soit, en multipliant ce nombre par $\dfrac{10}{18}$ pour le ramener à exprimer des *dépêches de 20 mots,* et par $\dfrac{20}{22}$ pour ramener ces dépêches à leur longueur moyenne de 22 mots, *8,480,000 dépêches,* soit, en attribuant 480,000 de ces dépêches aux dépêches de service (qui deviendront relativement plus rares) et aux dépêches du Gouvernement, 8 MILLIONS DE DÉPÊCHES PRIVÉES.

Nous insistons sur cette possibilité qui est bien *réelle* et *pratique :* en prenant pour base d'un calcul le nombre de dépêches qu'un appareil transmettrait en 1 heure, et en multipliant ce nombre par le nombre d'heures que l'année renferme, on arriverait à certains résultats qui n'indiqueraient qu'une possibilité théorique. Ici, nous nous sommes placé dans d'autres conditions : en prenant pour base de notre calcul les nombres de 50 et 500 dépêches par jour, nous avons implicitement tenu compte des dérangements d'appareils, de lignes, des chômages accidentels et des diverses autres causes qui sont une entrave réelle des transmissions. Le chiffre de 8,000,000 dépêches est donc un chiffre certain, puisque nous ne sommes pas sortis un seul instant, dans notre calcul, des données pures et simples de la pratique.

VI

UN ABAISSEMENT IMPORTANT DE TAXE DOIT FAIRE AUGMENTER LES RECETTES NETTES.

Il résulte de ce qui précède, que l'Administration a les moyens matériels de transmettre un nombre de dépêches de beaucoup supérieur au nombre actuel.

Toute préoccupation à cet égard étant écartée, nous allons examiner la question de l'abaissement à son propre point de vue.

Nous établirons un premier point : c'est qu'*un abaissement important des taxes doit faire augmenter les recettes nettes.*

Recherchons en premier lieu combien d'individus, en France, font aujourd'hui usage du télégraphe.

La statistique du poste de Bordeaux, prise pendant l'année 1858, a démontré (voir Note 5) que le nombre des dépêches est environ 5 fois supérieur au nombre d'individus qui les ont transmises.

Le poste de Bordeaux étant dans des conditions analogues à celles de la plupart des postes importants, et principalement du poste de Paris, qui représente une majeure partie de la totalité des dépêches, nous étendrons par approximation le résultat précédent à toutes les villes de France.

Il en résulte que les 413,000 dépêches de l'année 1857

ont été transmises par 80,000 individus différents, à raison de 5 dépêches en moyenne par individu et par an.

Étudions maintenant les résultats que doit amener un abaissement des taxes.

Ces résultats sont au nombre de deux :

1° Chacun des 80,000 individus usant aujourd'hui du télégraphe, transmettra un plus grand nombre de dépêches ;

2° Une partie nouvelle de la population, qui ne se sert pas aujourd'hui du télégraphe, en fera désormais usage.

Mais pour bien apprécier ces résultats, nous les analyserons l'un après l'autre :

Influence d'un abaissement de taxe sur les individus qui usent du télégraphe. — En 1847, la taxe moyenne des lettres dans le service des postes étant de 0^f 60^c, le produit de cette taxe a été de 45,000,000 fr.

En 1855, la taxe moyenne des lettres étant de 0^f 19^c, le produit a été de 46,000,000 fr.

Ainsi, il a fallu huit années au Service des postes pour que la taxe, ayant baissé de moitié, les recettes aient repris leur niveau, pour croître ensuite.

Il est aisé de reconnaître que ce résultat serait beaucoup plus prompt en télégraphie.

La poste, en effet, en 1847, n'était pas une chose nouvelle ; par des abaissements successifs, elle s'était mise de plus en plus à la portée des diverses classes de la société ; depuis de longues années, elle répondait aux besoins de la majeure partie de la population ; l'abaissement de 1847 n'a donc été que le perfectionnement d'une chose déjà très-perfectionnée, et, par suite, a mis une certaine lenteur à donner aux relations sociales, déjà si développées, une extension nouvelle.

Dans la télégraphie, il n'en est plus ainsi : on ne transmet aujourd'hui qu'une dépêche télégraphique par 400 lettres écrites; par conséquent le télégraphe n'est encore employé que dans les circonstances urgentes ou exceptionnelles. Or, ce moyen de correspondance offre une utilité et une commodité trop réelle, pour qu'on ne reconnaisse pas dans l'élévation du tarif le véritable obstacle à son extension. Nous sommes donc sur un terrain neuf, non encore exploité, où tout, pour ainsi dire, est à créer, et l'on peut attendre d'un abaissement de taxe un développement immédiat de la correspondance télégraphique. Nous croyons donc être bien au-dessous de la vérité en supposant que, dès la première année, chaque individu dépenserait au moins la même somme que par le passé en dépêches télégraphiques, si la taxe devenait 1/2, 1/3, 1/4 fois moindre.

Influence d'un abaissement de taxe sur les individus qui n'usent pas aujourd'hui du télégraphe. — Nous avons reconnu que 80,000 individus environ transmettaient aujourd'hui cinq dépêches par an.

Nous nous sommes proposé, dans la Note 6, de rechercher combien d'individus nouveaux feraient usage du télégraphe si la taxe était à la portée de la classe moyenne de la société, comme pourraient l'être les taux de 1^r, 2^r, par exemple.

Le vague qui existe dans l'énoncé du problème, et aussi l'impossibilité de raisonner à l'aide de données certaines, ne nous ont permis d'obtenir qu'une simple approximation, dont on jugera la valeur en appréciant le degré d'exactitude de nos hypothèses.

Nous sommes arrivé, par notre calcul, à estimer à *880,000* le nombre total d'individus qui feraient usage du télégraphe par un abaissement notable de la taxe.

En admettant ce résultat, les recettes brutes, dans l'hypothèse d'abaissement de taxe où nous nous sommes placé, seraient accrues de toutes celles provenant des 800,000 nouveaux individus usant du télégraphe, puisque les 80,000 anciens donneraient, dès le début, la même recette brute que par le passé.

Si, d'ailleurs, on admet, comme il ressortira par la suite, que l'Administration a peu de dépenses à faire pour être en mesure de répondre aux besoins d'un service ainsi développé, nous aurons démontré la proposition qui fait l'objet de ce chapitre.

VII

TARIF.

Cherchons maintenant à fixer le tarif.

Quel tarif convient-il d'appliquer pour faire naître en France 8,000,000 de dépêches? — Dans l'impossibilité de résoudre cette question analytiquement, nous allons fixer *à priori* le tarif qu'il nous semble utile d'adopter, et nous essaierons ensuite de le justifier par diverses appréciations.

Nous proposons d'appliquer, dans un délai de quelques mois, le tarif suivant pour les dépêches télégraphiques :

DÉPÊCHES DE 20 MOTS.

1 fr. pour le même département ou un département limitrophe.
2 fr. pour tout le reste de la France.

Le tarif que nous proposons doit éviter deux écueils. Il faut qu'il ne s'écarte pas trop de la limite de 8,000,000, soit en moins, soit en plus.

En moins, parce que nous n'atteindrions qu'imparfaitement le but de progrès que nous nous proposons, progrès consistant dans le développement de la télégraphie basé sur une meilleure utilisation des éléments actuels et sur l'adoption de moyens plus perfectionnés.

En trop, parce qu'une trop grande accumulation de dépêches jetterait la perturbation dans le service, et que la télégraphie tromperait les espérances du public au lieu de répondre à ses besoins.

Le premier écueil, le moindre, il faut le reconnaître, n'est pas à craindre avec le tarif précédent. Nous avons assez insisté précédemment sur l'influence d'un abaissement de taxe pour être certain de dépasser, dans une forte proportion, les recettes actuelles.

Quant au second, étudions les circonstances nouvelles dans lesquelles nous nous plaçons.

Et d'abord, essayons de calculer le nombre exact de dépêches que le nouveau tarif produirait dès le début :

Le tarif moyen des dépêches étant environ réduit au 1/5 (1ᶠ 75ᶜ au lieu de 8ᶠ), nous avons supposé précédemment que les 80,000 individus feront passer cinq fois plus de dépêches par an, c'est-à-dire vingt-cinq dépêches par an, soit . . . . 2,000,000 dépêches.

En outre, 800,000 autres individus vont en transmettre : nous supposerons que, pour ces 800,000 individus, les dépêches à 1ᶠ et à 2ᶠ soient relativement aussi chères que les dépêches actuelles (de 8ᶠ) pour les 80,000 individus. Par conséquent, qu'ils en transmettront chacun, en moyenne, *au minimum* cinq par an, soit. 4,000,000

Total, *6,000,0000 dépêches* 6,000,000

qui, au taux moyen de 1ᶠ 75ᶜ, donneraient une recette brute de *10,500,000 fr*.

Admettons maintenant que nos hypothèses soient fausses et que les dépêches doivent affluer en plus grand nombre :

D'abord, nous sommes, par le calcul que nous venons d'établir, au-dessous de la limite de 8,000,000 que nous nous proposons d'atteindre, ce qui donne une certaine latitude à nos erreurs d'hypothèses.

Mais nous ferons surtout remarquer que quelque influence que puisse avoir un abaissement de taxe, il est certain que, tout en se faisant immédiatement sentir, elle n'atteint pas des proportions très-élevées du jour au lendemain. Il faut toujours un certain temps pour que l'on s'habitue à se servir du télégraphe, et, par suite, l'accroissement du nombre de dépêches ne peut avoir lieu que progressivement.

Or, cette période d'accroissement coïncide précisément avec celle nécessaire pour que le service se façonne à ses nouvelles exigences. Le nombre des dépêches augmentant par une transition lente, mais continue, l'Administration se développe de même, et par cette simultanéité, le progrès se trouve réalisé sans secousse et dans le temps le plus court possible.

D'ailleurs, qu'une augmentation rapide dans le nombre des dépêches survienne en plusieurs points de la France, cette augmentation est facile à prévoir par la progression journalière des recettes sur ces points, longtemps avant qu'elle n'ait atteint la limite au-delà de laquelle les moyens d'action de l'Administration seront insuffisants; dès lors, le remède est simple : Il suffit de substituer aux appareils Morse nos appareils, et les moyens d'action se trouvent aussitôt décuplés. Il faut remarquer, d'ailleurs, que tous les efforts doivent tendre à opérer cette substitution sur le plus de points possible, puis-qu'elle est une conséquence du développement de la Télégraphie, et que ce développement est le but final que nous nous proposons d'atteindre.

De même, si les points où nos appareils existent déjà étaient trop surchargés de dépêches, on établirait entre ces points de nouveaux fils. Or, la pose d'un fil peut s'effectuer à raison de 100 kilomètres en huit jours, vitesse d'exécution qui serait aisément dépassée dans un cas urgent.

Les considérations que nous venons d'exposer rendent donc moins nécessaire l'exactitude des appréciations que nous avons faites dans la recherche de ce chiffre de 6 millions de dépêches. Dans les conditions normales où l'Administration est parvenue aujourd'hui, au point de vue de la régularité du service, elle peut en très-peu de temps, aidée par le nouveau système de transmission et par la facilité de l'établissement de lignes nouvelles, augmenter ses moyens dans une assez forte proportion pour suivre aisément la croissance que le nouveau Tarif développerait dans le nombre des dépêches.

Le moment est donc venu d'opérer cette réforme importante de l'abaissement des taxes, réforme depuis longtemps attendue par le public, et qui ne peut manquer d'exercer bientôt sur les relations sociales une heureuse influence.

VIII

SIMPLIFICATIONS A INTRODUIRE DANS LES RAPPORTS DE LA TÉLÉGRAPHIE PRIVÉE AVEC LE PUBLIC.

La marche que l'Expéditeur d'une dépêche doit suivre aujourd'hui est la suivante, ainsi que chacun a pu le constater par sa propre expérience :

L'Expéditeur ou son fondé de pouvoirs se présente à la Direction télégraphique avec sa dépêche. Il trouve généralement le Receveur occupé avec les personnes venues avant lui ; il est obligé d'attendre. D'ordinaire, l'attente est de 5 à 6 minutes environ ; quelquefois elle atteint 10 minutes, 1/4 d'heure ; et il faut bien remarquer que plus il se présente de monde, plus l'attente est longue; c'est-à-dire qu'il y a simultanément une plus grande attente et un plus grand nombre d'individus obligés d'attendre.

Le tour de l'Expéditeur arrive; le Receveur reçoit sa dépêche et compte les mots; quelquefois, l'expéditeur a mis un mot de trop; il cherche à le supprimer en retranchant des mots inutiles.

Cette vérification, ces rectifications diverses, font perdre encore un peu de temps.

L'Expéditeur acquitte le montant de la dépêche.

Le Receveur fait un reçu, le recopie sur la souche et le délivre à l'Expéditeur, qui, pour dernière formalité, appose sa signature sur le registre à souche.

Alors seulement la dépêche est remise au Directeur du poste. Le Directeur l'examine, pour s'assurer qu'elle peut être transmise, y appose son *visa* et la fait remettre à l'employé, qui lui donne rang de transmission à la suite des dépêches non encore transmises.

Par suite de ces formalités diverses et de l'accumulation possible des dépêches sur un même fil, le tour de transmission n'arrive souvent qu'une demi-heure après que l'Expéditeur s'est présenté avec sa dépêche.

Or, ne perdons pas de vue le véritable caractère de la dépêche télégraphique : une dépêche est, avant tout, *pressée;* il faut qu'elle arrive au plus tôt à destination. Il convient donc de rechercher s'il n'est pas possible de simplifier le rouage des formalités diverses que nous venons d'énumérer.

1° EST-IL NÉCESSAIRE QUE L'EXPÉDITEUR D'UNE DÉPÊCHE SE PRÉSENTE OU SE FASSE REPRÉSENTER AU BUREAU POUR *constatation d'identité?*

Cette obligation, indiquée dans la loi du 29 novembre 1850, a toujours été en vigueur depuis.

Au début de la Télégraphie, lorsque l'on ignorait encore si l'usage de ce nouveau moyen de correspondance donnerait lieu à des abus, la constatation de l'identité était une sage mesure de précaution (voir Note 7). Aujourd'hui, une expérience de six années a démontré l'inutilité de cette mesure; et comme dans les circonstances où le public aurait eu à abuser du Télégraphe la cherté de la taxe n'eût pas été un obstacle, on est en droit de conclure que la situation restera la même lorsque le Tarif aura été abaissé et que l'usage du Télégraphe aura pris de l'extension.

Il suffit, d'ailleurs, de conserver à l'Administration Télégraphique le droit d'annuler les dépêches dont le sens lui paraîtrait douteux ou dangereux, pour détruire toute tendance aux abus dès qu'elle se manifesterait.

Néanmoins, si l'application de la constatation d'identité à tous les expéditeurs est un obstacle, sa suppression absolue pourrait, dans les cas où les dépêches offrent une certaine gravité, laisser subsister dans l'esprit des Destinataires une certaine inquiétude qui ôterait à la correspondance télégraphique tout caractère de sécurité.

Pour éviter cet inconvénient, nous proposons les mesures suivantes :

1° *La constatation d'identité des Expéditeurs est supprimée;*

2° *Tout Expéditeur est admis à faire constater son identité;*

Cette constatation est indiquée sur la dépêche même, moyennant supplément de taxe.

Nous indiquerons bientôt les avantages qui résultent de la première de ces mesures.

Quant à la seconde, remarquons que toute dépêche parvenant avec les mots : « *Identité constatée* », ne pourra plus laisser de doute dans l'esprit du Destinataire.

2° A-T-ON PRESCRIT LA MEILLEURE RÈGLE POUR LA MANIÈRE DE COMPTER LE NOMBRE DES MOTS?

A priori, il semble rationnel, puisque le travail de la transmission est proportionné au nombre de mots, de proportionner aussi la taxe à ce nombre pour rendre la taxe proportionnelle au travail.

Or, cette règle, rationnnelle par elle-même, offre un trèsgrand avantage dans la pratique : celui de simplifier pour tout le monde la manière de compter les mots, par suite, de rendre la vérification plus prompte (¹) et de détruire toute incertitude pour le public dans la détermination du nombre de mots taxés.

Lorsque l'on veut introduire dans les mœurs une habitude nouvelle, il faut autant que possible procéder par règles simples, qui fixent les idées, qui se retiennent sans effort de l'esprit ou de la mémoire. C'est dans cette pensée que nous proposons d'adopter la règle suivante : *Tous les mots comptent pour un.*

Les premières lois sur la Télégraphie privée donnaient, pour la manière de compter les mots, des règles assez compliquées. Les distinctions établies, ayant présenté des inconvénients dans la pratique, ont été supprimées dans la dernière loi.

Cette loi renferme néanmoins la restriction suivante :

« Il est accordé, pour l'adresse de chaque dépêche, de 1 à » 5 mots, qui ne sont pas comptés. »

Voici les motifs de cette restriction :

Lorsque chaque mot comptait pour un, les Expéditeurs, en voulant donner, à cause de la cherté de la taxe, des adresses

---

(¹) Le public, en effet, sera invité à écrire ses dépêches sur lignes de 5 mots chacune, pour que la vérification se fasse en un coup d'œil. C'est une habitude qui sera vite prise lorsque l'on saura que, par ce moyen, la dépêche sera d'autant plus vite livrée à la transmission.

succinctes, les donnaient incomplètes. Avec une taxe peu éle-
vée comme celle que nous proposons, cet inconvénient n'est
pas à craindre. D'ailleurs, cette faible élévation de la taxe
autoriserait l'Administration, mieux qu'aujourd'hui, à s'abste-
nir de toutes recherches; le public en serait prévenu et s'ha-
bituerait en peu de temps à donner des adresses complètes.

3° Est-il nécessaire que l'expéditeur reçoive un reçu de
sa dépêche ?

La dépêche devenant, par l'abaissement de taxe, un objet
courant, nous paraît rentrer identiquement dans les conditions
de la *lettre* dans le service des Postes, et par conséquent les
dépêches, comme les lettres, devront être livrées sans récépissé aux agents de l'Administration.

Il sera facile, par l'application de mesures analogues à celles
du service des postes, d'atteindre l'exactitude remarquable à
laquelle ce service est parvenu.

4° Est-il nécessaire que l'expéditeur signe sur un registre pour prendre la responsabilité de sa dépêche?

Cette formalité n'est évidemment pas nécessaire, si on lui
impose de signer l'original de sa dépêche, original destiné à
rester dans les archives de l'Administration.

Ces quatre points établis, il n'est plus d'obstacle qui empê-
che l'adoption des dispositions suivantes, que nous énonçons
dans les termes les plus brefs, sauf à les reproduire ultérieurement sous une forme plus développée :

I.

Il est permis a toutes personnes de correspondre par le
Télégraphe.

II.

Chaque mot compte pour un dans l'application de la taxe.

III.

L'acquittement de la taxe s'opère a l'aide de timbres-dépêches.

IV.

Il est créé des boîtes a dépêches.

V.

Les dépêches sont signées de l'Expéditeur.

Ces dispositions étant mises en vigueur, la marche suivie par l'Expéditeur d'une dépêche devient la suivante. (Nous allons parler du service de Paris, et comme Paris donne aujourd'hui près de la moitié des dépêches, nous ne serons pas dans un cas exceptionnel. D'ailleurs, le service des diverses villes de province se rapproche plus ou moins de celui de Paris, suivant leur importance) :

L'expéditeur *écrit sa dépêche* (autant que possible, par lignes de 5 mots). Il *signe,* indique son *adresse,* appose le *timbre-dépêche* à côté même du texte, plie, cachète, met sur l'adresse le nom de la *destination,* et fait jeter cette dépêche à la boîte-dépêche la plus voisine.

Un service de courriers en cabriolet fait chaque $^{1}/_{4}$ d'heure la levée des boîtes, et les porte en toute vitesse à l'Administration centrale.

Les dépêches sont décachetées, vérifiées comme taxe, triées par destinations et remises aussitôt à la transmission.

Voici maintenant les avantages de ce mode de procéder :

1° *Le public fait avec la plus grande simplicité l'application de la taxe.* Il n'y a pas lieu de craindre des erreurs dans cette application. On sait, en effet, combien les erreurs analogues sont rares dans le service de la Poste aux Lettres, et il est plus aisé de se tromper sur le poids d'une lettre, pour la constatation duquel on n'a d'ailleurs pas toujours une balance à sa disposition, que sur un nombre de mots composant un texte court et dans lequel chaque mot inscrit compte pour un.

2° *L'Expéditeur n'a à se préoccuper du port de sa dépêche que jusqu'à la boîte-dépêche la plus voisine.* La distance à franchir est ainsi très-courte; c'est un embarras de moins; c'est aussi, dans bien des cas, l'économie d'une course de voiture.

3° *La dépêche arrive au Poste Central dans le temps le plus court possible*

Aujourd'hui, en effet, dans Paris, les dépêches sont souvent arrêtées, par leur rang de transmission, dans les diverses succursales. La suppression des ces bureaux intermédiaires fera gagner aux dépêches un temps considérable.

Le service des courriers sera, d'ailleurs, organisé de façon à ne rien laisser à désirer sous le rapport de la célérité.

4° *La vérification de la taxe, et, s'il y a lieu, sa rectification s'opèrent très-promptement.*

5° Enfin, remarquons qu'il n'est possible de développer en liberté une opération nouvelle qu'à la condition de réduire son rouage administratif à sa plus simple expression. La suppression des diverses écritures, auxquelles donne lieu aujourd'hui l'expédition d'une dépêche, est, à ce point de vue, une des mesures le plus impérieusement réclamées par le progrès de la télégraphie.

IX

ACTES A ACCOMPLIR POUR OPÉRER LA RÉFORME.

Pour opérer la réforme dont nous venons d'établir les bases, l'Administration doit accomplir les actes suivants :

Dans Paris :

1° Créer un nouveau Poste Central ;

2° Faire arriver les fils télégraphiques au nouveau poste ;

3° Créer trois boîtes par arrondissement ;

4° Établir, en personnel et en matériel, un service de courriers desservant ces boîtes ;

5° Établir un nouveau service de piétons ;

6° Supprimer les succursales actuelles.

En outre :

7° Établir trente appareils nouveaux dans les postes de Paris et des premiers centres correspondants de la province ; créer une réserve de dix de ces appareils, destinés aux substitutions successives selon les besoins et le développement du service ;

8° Former des employés au nouveau mode de transmission ;

9° Créer une provision de timbres-dépêches à distribuer dans les diverses directions télégraphiques ;

10° Établir les bases de la nouvelle comptabilité et de la statistique.

Étudions chacun de ces actes en particulier.

Poste Central. — Le Poste Central actuel est établi dans un espace très-restreint, où tout agrandissement est impossible; à plusieurs points de vue il importe de le changer.

1° La sûreté des communications dans l'intérieur d'un poste n'est obtenue qu'à la condition de pouvoir librement établir les fils conducteurs. Il faut que l'on puisse suivre des yeux, dans toute son étendue, chacun de ces fils innombrables qui tapissent le poste dans tous les sens, afin de trouver sans retard la cause des dérangements. Il faut, pour ainsi dire, constituer pour les fils une enceinte réservée où on ne pénètre que pour rétablir les communications. Quoique le Poste Central actuel soit, au point de vue de l'arrangement des fils, un des mieux installés, l'exiguité du local a néanmoins nécessité l'agglomération des fils sur des espaces restreints et l'absence de symétrie dans leur établissement.

Avec un service plus développé, il faut que le Poste Central soit établi avec une régularité et une perfection telles, qu'un dérangement intérieur soit relevé aussitôt qu'on en constate l'existence.

2° Le nouveau système de transmission exige de grands emplacements, puisqu'il faut plusieurs Compositeurs et un Agent de transmission pour chaque fil.

Le local doit en outre être choisi en vue de l'*extension certaine* du service.

Enfin, le nouveau système de transmission exige l'établissement d'une machine à vapeur destinée à donner aux cylindres le mouvement de rotation par l'effet duquel la transmission mécanique des dépêches s'opère.

Nous annexons à notre Rapport le plan de l'établissement d'un Poste tel qu'il nous paraît nécessaire de l'organiser.

Il y a lieu de rechercher immédiatement dans Paris le

point central où il serait possible et convenable d'établir le nouveau Poste.

Conduite des fils au nouveau Poste. — L'Administration vient de faire un essai dont la réussite nous semble assurée, et qui permettrait d'exécuter ces travaux de conduite avec la plus grande économie.

Le nouveau système de lignes consiste à enfouir des fils de cuivre nus dans du béton pur, système que nous croyons devoir remplacer ultérieurement les lignes aériennes sur les artères principales du Réseau télégraphique de la France.

Boîtes-dépêches. — La confection et l'établissement de ces boîtes, analogues aux boîtes aux lettres, seront promptement exécutés dès que l'Administration aura fixé son choix sur un modèle. Le modèle pourra être arrêté à la suite d'un concours.

Les boîtes seront disposées de telle sorte que le courrier, sans descendre de son cabriolet, pourra en faire la levée.

L'Administration fixera, dans une courte étude, l'emplacement de chaque boîte, eu égard à l'agglomération des habitants.

Service des courriers. — Le service des courriers doit fonctionner de 8 heures du matin à 8 heures du soir (12 heures).

Chaque courrier desservira 2 arrondissements, c'est-à-dire 6 boîtes.

Les boîtes seront levées tous les quarts d'heure.

Ainsi, 48 fois par jour, 6 cabriolets devront partir de l'Administration Centrale pour faire la levée des boîtes, soit 288 courses.

Chaque course étant de six kilomètres environ, chaque cheval en fera 5 par jour, soit $\dfrac{288}{5} = 58$ chevaux ; et en ajoutant 7 chevaux de rechange, il y aura en tout 65 chevaux.

Il y aura aussi 65 cabriolets et 65 courriers.

Ces nombres étant fixés, l'organisation de ce service se borne à faire les achats et commandes nécessaires.

Service des piétons. — Le service des piétons doit être établi sur les bases suivantes :

Il y aura dans chaque arrondissement un bureau de piétons (l'une des boîtes-dépêches sera placée à ce bureau).

Les courriers revenant du Poste Central pour faire une nouvelle levée des boîtes, se rendront directement aux bureaux des piétons, où ils déposeront les dépêches à porter à domicile qui leur auront été remises au Poste Central. Un brigadier-piéton, chef du bureau, fera aux piétons la distribution de ces dépêches, et les piétons se mettront aussitôt en route.

De la sorte, la distribution sera aussi prompte que possible; car, en premier lieu, la distance du Poste Central à l'arrondissement sera franchie à toute vitesse, et la course du piéton, étant restreinte dans les limites de l'arrondissement, sera toujours très-courte.

Il importe maintenant de déterminer le nombre de piétons nécessaires.

Nous avons vu que les dépêches parties de Paris et reçues en province constituent près de la moitié de la recette actuelle; l'autre moitié se compose donc des *dépêches parties de province et reçues en province,* et des *dépêches parties de province et reçues à Paris.* Ces dernières seules nous intéressent pour la création du service des piétons dans Paris.

Nous avons estimé à environ 6 millions le nombre de dépêches que l'Administration recevra annuellement dès le début du nouveau tarif. D'après ce que nous venons de dire, le nom-

bre de dépêches parties de province et reçues à Paris ne
saurait dépasser le tiers du nombre total. Il faut donc créer
un service qui porte annuellement à domicile environ 2 millions
de dépêches, soit par jour et par arrondissement 450 dépêches.

Or, les courses étant très-courtes, comme nous l'avons fait
observer, chaque piéton portera à domicile 50 dépêches par
jour, ce qui exige 9 piétons par arrondissement.

Comme au début même du tarif les dépêches n'afflueront
pas dès le premier jour, on pourra commencer par créer des
bureaux composés d'un brigadier et de six hommes. Ce nombre
sera augmenté au fur et à mesure des besoins du service, et
d'ailleurs sans difficulté, le métier de piéton n'exigeant aucun
apprentissage.

Le brigadier aura pour mission de faire le triage des dépêches remises aux piétons pour utiliser le mieux possible leurs
courses; il recevra les rebuts pour les tenir en réserve en
cas de réclamations. Il transmettra au poste central les réclamations du public.

Suppression des succursales actuelles. — Les succursales
du Poste Central, à Paris, ont un nombreux personnel; leur
dépense d'entretien est considérable. En les supprimant, cette
dépense serait reportée sur l'entretien des nouveaux services.

Construction des nouveaux appareils. — Il faut quatre à
cinq mois pour construire 40 appareils complets, comprenant
80 appareils de transmission, 320 cylindres de composition,
et 20 machines à décomposer.

Formation des employés au nouveau service. — Huit jours
d'exercice suffisent amplement aux employés qui connaissent
l'appareil Morse pour se mettre au courant du nouveau système.

Timbres-dépêches. — Les timbres-dépêches devront, pour la commodité du service, avoir à peu près un centimètre carré.

L'expéditeur d'une dépêche les coupera au nombre voulu.

On profitera, pour l'exécution de ces timbres, de l'étude faite à l'occasion des timbres-postes. En peu de jours, le modèle des timbres-dépêches pourra être arrêté et leur confection mise en œuvre.

La délivrance de ces timbres au public s'effectuera dans des conditions analogues à celle des timbres-postes, et sera limitée, au début, aux directions télégraphiques, sauf à s'étendre ultérieurement s'il est reconnu utile.

Bases de la comptabilité et de la statistique. — Nous annexons à notre Rapport un projet de Règlement avec imprimés à l'appui, indiquant le rouage de la comptabilité et de la statistique des directions télégraphiques et de l'Administration centrale.

X

DÉPENSES.

Pour accomplir les actes que nous venons de passer en revue, les dépenses suivantes sont nécessaires :

Dépenses de premier établissement.

1° Construction des appareils.

Chaque appareil complet comprend, avec les divers accessoires, tables, paratonnerres, etc. :

2 appareils de transmission, à 2,000 fr. l'un.	4,000
8 cylindres de composition, à 1,000 fr. l'un.	8,000
	12,000

Soit, pour 40 appareils 480,000
Plus, 20 machines à décomposer, à 1,000 fr. l'une . . 20,000
——————— 500,000

Report........ 500,000

2° *Installation des appareils.*

Installation de 15 appareils nouveaux dans Paris, communications intérieures, fils, commutateurs, etc. :

à 100 fr. par poste, pour 15 postes.............. 1,500

Transport de 60 appareils Morse actuels dans le nouveau poste, à 15 fr. par poste 900

Installation de 15 appareils nouveaux en province, à 150 fr. par poste........................ 2,250

———— 4,650

3° *Moteurs.*

Machine à vapeur pour Paris................. 25,000

15 moteurs d'horlogerie pour la province, à 800 fr. l'un..................................... 12,400

Transmission pour Paris, 100 mètres, avec colonnes en fonte, poulies folles et fixes, etc........... 10,000

———— 47,400

4° *Service des courriers.*

65 cabriolets à 1,000 fr........................ 65,000

65 chevaux à 1,000 fr......................... 65,000

———— 130,000

5° *Boîtes-dépêches.*

Confection de 36 boîtes pour Paris et de 10 boîtes pour chacune des 10 premières villes de province, soit 136 boîtes, à 300 fr l'une.. 40,800

6° *Conduite des fils dans Paris.* (Prix approximatif.)

Tranchée et béton, 3 kilom., à 5 fr. le mètre courant. 15,000

Fils de cuivre : 300 fils, soit 900 kilom., à 50 fr. le kilom...................................... 45,000

———— 60,000

TOTAL DES DÉPENSES DE PREMIER ÉTABLISSEMENT.. 782,850

Dépenses d'entretien.

1° Personnel de Paris.

Le personnel du service actif de Paris sera composé de la manière suivante :

Direction.

1 Directeur divisionnaire.......................... (Mémoire.)
8 Directeurs de station .... (Mémoire.)

Vérification.

Pour chaque service : 1 Chef de bureau........... 4,000
                  2 Sous-Chefs, à 3,000 fr..... 6,000
                  3 Employés à 1,500 fr. 4,500
                  5   —   à 1,200 fr. 6,000
                                        20,500
Soit pour le service double 41,000

Réception.

Pour chaque service : 1 Chef de bureau............ 4,000
                  2 Sous-Chefs à 3,000 fr....... 6,000
                10 Expéditionnaires à 1,500 fr. 15,000
                30   —   à 1,200 fr. 36,000
                                          61,000
Soit pour le service double............................ 122,000

Transmission.

Pour chaque service : 65 Stationnaires Morse à 1,400
                       fr. en moyenne......... 91,000
            100 Compositeurs à 1,400 fr. l'un
                     en moyenne............140,000
             10 Décompositeurs à 1,400 fr.
                     l'un en moyenne........ 14,000
             10 Mécaniciens transmetteurs à
                     1,500 fr. l'un........... 15,000
                                        260,000
Soit pour le service double............................ 520,000
                              A reporter....... 683,000

Report........ 683,000

Piétons.

12 Chefs-Piétons à 1,500 fr. l'un.................	18,000	
72 Piétons à 1,000 fr. l'un....................	72,000	
		90,000

Courriers.

5 Chefs-Courriers à 1,500 fr....................	7,500	
65 Courriers à 1,300 fr. en moyenne............	84,500	
		92,000

Écuries.

Entretien de 65 chevaux, à 700 fr. l'un............	45,500	
Entretien de 65 cabriolets à 50 fr. l'un.............	3,250	
		48,750
Total du personnel de Paris....		913,750

2° Personnel de province.

Personnel de province................................ (Mémoire.)

3° Timbres-dépêches.

Confection de 60 millions de timbres-dépêches........... (Mémoire.)

4° Local.

Location annuelle d'un Poste Central.................. (Mémoire.)

Les dépenses que nous venons d'indiquer se résument comme suit :

1° Dépenses de premier établissement.

Appareils ....F.	500,000
Installation........................	4,650
Moteurs.........................	47,400
Cabriolets et chevaux.............	130,000
Boîtes-dépêches.................	40,800
Conduite des fils dans Paris........	60,000
Total....F.	782,850

43

2° Dépenses d'entretien annuelles.

```
Personnel de Paris .............F.   913,750
Personnel de province............(Mémoire.)
Timbres-dépêches ...............(Mémoire.)
Location du Poste Central.........(Mémoire.)
```

Ainsi, la dépense de premier établissement serait d'environ 800,000 fr. Quant à la dépense d'entretien, nous n'avons pu la déterminer avec précision; mais nous indiquons que le chiffre de 913,750 fr. devrait se substituer au chiffre actuel de dépense du personnel de Paris.

XI

PROJETS DE LOI.

Comme conséquence des considérations qui précèdent, nous proposerons l'adoption des deux projets de loi suivants :

PROJET

DE

LOI SUR LA TÉLÉGRAPHIE PRIVÉE.

ART. 1. — *Concession de l'usage du Télégraphe.*

Il est permis à toutes personnes de correspondre, au moyen du télégraphe électrique de l'État, par l'entremise des fonctionnaires de l'Administration télégraphique.

La transmission de la correspondance télégraphique privée est toujours subordonnée aux besoins du service télégraphique de l'État.

Art. 2. — *Ouverture des villes à la Télégraphie privée.*

L'Administration télégraphique fait connaître, par les voies de publicité, la nomenclature des villes ouvertes au service de la Télégraphie privée, au fur et à mesure de leur ouverture.

Art. 3. — *Taxe des Dépêches.*

Les dépêches télégraphiques sont soumises à la taxe suivante :

	pour 20 mots.	pour chaque fraction indivisible de 5 mots en sus.
Dépêches entre deux villes ouvertes à la télégraphie privée, situées dans le même département ou dans deux départements limitrophes..........	1 fr.	25 c.
Dépêches entre toutes autres villes de la France ouvertes à la télégraphie privée.............	2 »	50 »

Les dépêches de nuit paient taxe double.

Chaque mot compte pour un.

Le trait d'union équivaut à une séparation de mots.

Chaque nombre en chiffres, quelle que soit sa longueur, compte pour un mot.

Art. 4. — *Abonnements.*

Le Ministre de l'Intérieur est autorisé à concéder des abonnements à prix réduits pour la transmission de dépêches qui se rapportent au service des chemins de fer, ou moyennant engagement d'un nombre minimum annuel de dépêches de la part de l'Expéditeur.

Tout particulier peut jouir d'un abonnement dans des conditions identiques à celles d'abonnements en vigueur.

Art. 5. — *Port à domicile.*

Le port à domicile est gratuit dans les localités ouvertes au service de Télégraphie privée.

Il est perçu pour port à domicile des dépêches à destination de localités privées de bureaux télégraphiques, un droit de

50 c. par kilomètre pour port par piéton ;

1 fr.　　—　　pour port par estafette à cheval ou en voiture.

Toute fraction de kilomètre est comptée comme 1 kilomètre.

Art. 6. — *Timbres-Dépêches.*

Il est créé des timbres-dépêches dont la valeur est de 25 centimes.

Ils sont fournis au public dans chaque bureau télégraphique.

Le timbre-dépêche sert à payer la taxe de la dépêche; et lorsque la dépêche est remise à destination par exprès, le port de l'exprès.

Art. 7. — *Boites-Dépêches.*

Des boîtes à dépêches seront créées dans Paris, et, au fur et à mesure des besoins, dans les diverses villes de province.

Art. 8. — *Présentation des Dépêches.*

Les dépêches sont écrites lisiblement, en langage ordinaire et i..telligible.

Elles portent la signature et l'adresse de l'Expéditeur.

Le timbre-dépêche est collé à côté du texte de la dépêche.

La dépêche fermée est jetée à la boîte, ou remise à la Direction télégraphique, avec la mention : *dépêche,* suivie de la *destination.*

Art. 9. — *Constatation d'identité.*

Tout Expéditeur est admis à faire constater son identité, pour que cette constatation soit annoncée au destinataire.

La constatation d'identité est faite sur la responsabilité morale du Directeur du Poste.

La constatation d'identité annoncée au Destinataire par les mots : « identité constatée, » transmis à la suite de la dépêche, entraîne un supplément de taxe de 25 c.

Art. 10. — *Refus des Dépêches.*

Le Directeur du Télégraphe peut, dans l'intérêt de l'ordre public ou des bonnes mœurs, refuser de transmettre les dépêches.

Il en donne aussitôt avis à l'Expéditeur.

En cas de réclamation, il en est référé à l'Administration centrale, à Paris, qui statue.

Si à l'arrivée au lieu de destination, le Directeur estime que la communication d'une dépêche peut compromettre la tranquillité publique, il en réfère à l'autorité administrative, qui a le droit de retarder ou d'interdire la remise de la dépêche.

Toute dépêche qui ne porte pas la signature de l'Expéditeur, et une adresse suffisante pour remonter à lui, est refusée.

Avis du refus est, quand cela est possible, donné à l'Expéditeur.

Art. 11. — *Vérification des Taxes.*

L'application de la taxe est vérifiée avant la transmission des dépêches.

Toute dépêche ayant un timbre insuffisant est transmise, mais n'est remise au Destinataire que contre remboursement du double de l'excédant de taxe.

Art. 12. — *Inscription des Dépêches.*

Après la vérification des taxes, les dépêches sont inscrites sur un registre où elles prennent un numéro d'ordre.

Art. 13. — *Ordre de Transmission.*

Autant que possible, les dépêches sont transmises dans l'ordre de leurs numéros.

Les dépêches relatives au service des chemins de fer, qui intéresseraient la sécurité des voyageurs, pourront, dans tous les cas, obtenir la priorité sur les autres dépêches.

La transmission des dépêches dont le texte dépasserait 100 mots peut être retardée pour céder la priorité à des dépêches plus brèves, quoique inscrites postérieurement.

Art. 14. — *Secret des Dépêches.*

Tout fonctionnaire public qui viole le secret de la correspondance télégraphique est puni des peines portées en l'art. 186 du Code pénal.

Art. 15. — *Responsabilité.*

L'État n'est soumis à aucune responsabilité à raison du service de la correspondance privée par la voie télégraphique.

Art. 16. — *Suspension du Service.*

La correspondance télégraphique privée peut être suspendue par le

Gouvernement, soit sur une ou plusieurs lignes séparément, soit sur toutes les lignes à la fois.

Art. 17. — *Application de la présente loi.*

La présente loi recevra son exécution à partir du

Le service de la correspondance télégraphique privée et les dispositions réglementaires de la comptabilité seront réglés par un arrêté concerté entre le Ministre de l'Intérieur et le Ministre des Finances. Cet arrêté sera converti en un Règlement d'Administration publique dans l'année qui suivra la promulgation de la présente loi.

PROJET

DE

LOI QUI OUVRE UN CRÉDIT POUR LA TÉLÉGRAPHIE PRIVÉE.

ARTICLE UNIQUE.

Il est ouvert au Ministre de l'Intérieur, sur l'exercice 18   , un crédit de .... pour extension du service de la Télégraphie privée.

APPENDICE.

DE L'AVENIR DE LA TÉLÉGRAPHIE.

Dans le Rapport qui précède, nous avons envisagé la question télégra-phique au point de vue de son actualité.

Après avoir étudié les mesures dont l'application nous paraît devoir être immédiate, nous avons voulu définir nettement le but vers lequel la télégraphie doit se diriger. Nos idées à cet égard sont développées dans un travail spécial dont nous allons donner l'analyse.

Ce travail se compose de deux parties.

Dans la première, nous examinons les bases du service au point de vue technique.

Dans la deuxième, nous étudions la télégraphie au point de vue de de son développement et de son avenir. Manquant le plus souvent de données certaines pour appuyer notre raisonnement, nous avons dû poser la question en ces termes :

En abaissant suffisamment les taxes, on parviendrait à donner à la télégraphie l'extension que possède aujourd'hui la poste. Ce fait est évident pour tout le monde.

Supposons donc un instant (hypothèse purement théorique) que les conditions de la télégraphie par rapport au public soient telles, que le public présente par an 250 millions de dépêches (de même qu'il livre 250 millions de lettres au service des postes).

Nous allons résoudre les questions suivantes :

1° *Quelle devrait être l'organisation de la télégraphie pour qu'elle eût les moyens matériels de transmettre ces 250 millions de dépêches?*

2° *Quelles seraient les dépenses de premier établissement et d'entretien?*

Ces deux questions résolues, nous envisagerons la question à un autre point de vue :

Parmi les dépenses, les unes sont à peu près indépendantes du nombre de 250 millions de dépêches; les autres sont proportionnelles à ce nombre.

En faisant la séparation de ces deux catégories de dépenses, on pourra donc connaître immédiatement les dépenses nécessitées par une administration organisée pour transmettre annuellement 200, 150, 100, 50, 25 millions de dépêches par an, et l'on pourra établir le *prix de revient moyen d'une dépêche* correspondant à chacun de ces nombres totaux annuels.

Ces prix de revient connus, il faudra rechercher *s'il est possible* de déterminer un tarif qui puisse produire EN RÉALITÉ un nombre annuel total de dépêches pour lequel il soit *rémunérateur*.

Si l'on trouve qu'il est un *tarif rémunérateur possible*, la question de l'avenir de la télégraphie est résolue en principe : la voie est tracée jusqu'au but; on n'a plus qu'à laisser à l'Administration le temps de s'organiser matériellement pour arriver au moment d'appliquer ce tarif.

Nous allons indiquer, chapitre par chapitre, les points principaux de notre travail.

INTRODUCTION.

Les défauts du système actuel de télégraphie sont ceux que nous avons signalés dans le Rapport qui précède.

PREMIÈRE PARTIE.

Bases d'une organisation générale.

CHAPITRE I. — APPAREILS.

§ I. — *Description.*

(On peut voir fonctionner, au Poste central, à Paris, les appareils décrits dans ce paragraphe.)

§ II. — *Établissement d'un Poste.*

Sans entrer dans le détail de l'établissement d'un Poste, nous en indiquons une disposition essentielle : il est très-utile que le fil servant à la transmission des dépêches opère cette transmission avec le moins d'interruption possible; or, dans notre système, dès qu'un cylindre composé *est passé,* il faut l'enlever et en remettre un autre *prêt à passer*. Cette manœuvre, qui revient fréquemment, exige un peu de temps. Pour éviter de laisser le fil inactif pendant ces manœuvres réitérées, chaque appareil est à *double effet,* c'est-à-dire que deux appareils desservent le même fil : pendant que l'un fonctionne, on apprête l'autre; dès que le premier cesse de fonctionner, le second est mis en communication avec la ligne par un simple tour de bouton et fonctionne à son tour. On passe ainsi de l'un à l'autre alternativement, et le fil est sans cesse occupé.

§ III. — *Réflexions sur le nouveau système.*

Nous résumons ces réflexions, déjà faites dans le Rapport qui précède, par ce fait essentiel, c'est que le nouveau système rend le travail des appareils aussi *continu* et *rapide* que possible.

CHAPITRE II. — CONSTRUCTION DES LIGNES.

Le système actuel des lignes télégraphiques est imparfait en ce qu'il n'offre pas une stabilité et un isolement suffisants. Les lignes, en effet, exposées à air libre sur des poteaux mis en terre, peuvent, par des chocs, par les vents, être renversées et mises momentanément hors de service; les fils, contractés par les froids, peuvent se rompre; tendus inégalement, ils peuvent se mêler et produire des dérivations de courant électrique qui jettent la perturbation dans la marche des appareils; enfin, diverses causes, dans le détail desquelles nous n'entrerons pas, peuvent établir des pertes de courant par la communication du fil conducteur avec le sol. Nous l'avons déjà dit, ces dérangements se manifestent avec assez de fréquence, puisqu'ils se produisent pendant les $^3/_{10}$ de la durée du service; or, ce chiffre n'est qu'une moyenne : dans une période de plusieurs jours, les lignes seront en très-bon état, puis tout à coup elles cessent de fonctionner pendant vingt-quatre heures, par exemple, et l'on comprend que plus le service prendra de l'extension, plus ces accidents auront de gravité.

Les lignes formées de fils sur poteaux ne doivent donc être considérées que comme un moyen transitoire : le seul et unique mode définitif de lignes est le système de *lignes enfermées.* Avec un fil encastré d'une manière invariable dans un bloc de matière isolante, à l'abri de toute mobilité, on crée une ligne *sûre* d'une manière absolue. Il n'est pas, en effet, d'objection possible pour une telle ligne : on ne voit pas comment elle pourrait être en dérangement dans des circonstances normales.

Nous croyons que cet idéal de la ligne télégraphique sera bientôt réalisé. D'après nous, il consiste en *un fil métallique nu, noyé dans un bloc de mortier enterré dans le sol.*

Ce point important sera d'ailleurs bientôt éclairé : M. le Directeur de l'Administration des télégraphes a fait construire à Dijon une ligne composée de fils noyés dans un bloc de ciment romain. Parmi ces fils, deux ont été placés nus dans le bloc. Le bloc est encore humide; on ne pourra connaître que dans quelques mois le résultat de cet essai résultat qui ne nous paraît pas douteux : le ciment est, en effet, un bon isolant; en outre, le fil métallique se trouvant au contact d'une substance humide, doit se recouvrir à la surface d'une couche de son propre oxyde, et les oxydes métalliques sont également isolants.

L'emploi du mortier est plus économique que celui du ciment : 20 fr. au lieu de 45 fr. le mètre cube environ.

En considérant ce mode d'établissement des lignes comme définitif, il faut, pour l'appliquer, établir dans l'enceinte des chemins de fer des blocs de mortier renfermant un grand nombre de fils et enterrés parallèlement à la voie dans les parties de terrain immeubles. Le matériel des lignes de poteaux et fils ne serait pas perdu : ces lignes seraient reportées sur les embranchements pour desservir les localités les moins importantes.

A égalité de conductibilité électrique, le fer coûte un tiers de plus que le cuivre. Les fils doivent donc être en *cuivre* (jusqu'à ce que l'aluminium, devenu métal économique, puisse être employé, attendu qu'à égalité de dimensions il est de beaucoup meilleur conducteur que le cuivre).

Afin de renfermer entre des limites peu étendues les résistances des diverses lignes, les fils doivent avoir :

1/2 millimètre de diamètre sur les lignes de 100 kilomèt. et au-dessous.
1 —   —   400 —
3/2 —   —   900 —

Le prix de revient d'un bloc télégraphique se calcule d'après les bases suivantes.

Fil de cuivre. 320 fr. les 100 kilog., densité 8,9.
Mortier...... 20 fr. le m. c., y compris la pose et la tranchée.

Les fils sont espacés de 3 centimètres, et la région des fils est terminée de tous côtés par une couche de 10 centimètres de mortier.

CHAPITRE III. — Etablissememt des communications.

Nous adoptons en principe le mode de communication par fils directs.

Il faudra néanmoins, dans l'établissement de ces communications, se borner aux villes importantes. On atteindrait sans cela un nombre de kilomètres trop élevé.

DEUXIÈME PARTIE.

TITRE I. — Organisation générale.

But. — Ainsi que nous l'avons dit précédemment, le but de l'organisation que nous avons en vue est de créer une Administration qui puisse transmettre 250 millions de dépôches par an.

CHAPITRE I. — Organisation matérielle.

§ I. — *Création des Postes télégraphiques.*

Nous établissons par fils directs les communications suivantes :

Paris reliô aux villes de premier ordre (Bordeaux, Marseille, Lyon, Strasbourg, Lille, Nantes. Cette dernière choisie à cause de sa position topographique); *desservies par nos appareils mécaniques.*
Paris à chaque chef-lieu de département;
Les villes de premier ordre entre elles;
Les villes de premier ordre aux chefs-lieux voisins;
Les chefs-lieux aux chefs-lieux voisins; *desservies par les appareils Morse.*
Les chefs-lieux à leurs sous préfectures;

Ces communications sont invariables; par suite, le système des *dépôts* est adopté pour toutes les transmissions de dépêches.

Par ce mode de transmission, les relations les plus importantes et les plus nombreuses sont desservies *directement*, sans retards, et celles des autres localités subissent des *relais* dont le nombre augmente jusqu'à 5, nombre maximum, à mesure que l'importance des localités diminue.

§ II. — *Construction du réseau de fils.*

Les communications précédentes s'établissent par les nombres de fils suivants :

Paris relié à chaque ville de premier ordre............ 12 fils.
Chaque ville de premier ordre à chaque ville de premier
   ordre.................................... 8 "
Paris à chaque chef-lieu........................ 4 "
Chaque ville de premier ordre à chaque chef-lieu voisin.. 2 "
Chaque chef-lieu au chef-lieu voisin.............. 1 "
Chaque chef-lieu à ses sous-préfectures.......... 1 "

En opérant ces jonctions sur la carte de France, on trouve :

Comme *maximums*, 150 fils à peu près de Paris à Orléans;
    —   " "   —   d'Orléans à Tours;
    —   " "   —   de Lyon à Dijon;
    —   " "   —   d'Orléans à Vierzon;
    —   " "   —   de Paris à Melun.
    —   " "   —   de Paris à Châlons.
                                  Etc.....
Comme *moyen terme*, 20 fils.
Comme *minimum*,   2 et 4 fils.

Sur le parcours de tous les chemins de fer exécutés ou projetés, nous appliquons le système de lignes enfermées; celui des lignes aériennes partout ailleurs.

§ III. — *Nombre de fils.*

D'après les bases précédentes, il y a en France :

       684 fils à transmission mécanique.
       763   —   Morse.
Total..... 1,447 fils.

§ IV. — *But atteint par l'organisation précédente.*

Nous avons reconnu, dans le travail qui précède cet appendice, que, avec un réseau complet et perfectionné, hypothèse où nous devons nous placer ici, chaque fil à transmission mécanique peut réaliser normalement 900 dépêches par jour ; soit, pour 684 fils.   645 600 dépêches.

Chaque fil à transmission Morse peut réaliser
400 dépêches, soit, pour 765 fils.   76,500   —

Total, par jour. . . . .   694,900 dépêches.

Soit, par an, 252,545,500 dépêches, chiffre que nous nous étions
proposé d'atteindre.

CHAPITRE II. — Dispositions administratives.

Nous n'entrons pas dans l'analyse de ce chapitre, qui renferme les
§§ suivants :

§   I. — Fonctionnement du service.
§   II. — Administration supérieure.
§ III. — Bureaux de la direction générale.
§ IV. — Bureaux de la province.
§   V. — Personnel total.
§ VI. — Attributions du personnel supérieur.

D'après le § 5, le personnel se compose de 22,748 agents, nombre
décomposé comme suit :

Personnel supérieur actif.	574	agents.
Personnel des bureaux de province.	823	—
Personnel des appareils mécaniques. . .	10,602	—
Personnel des appareils Morse.	2,289	—
Courriers.	600	—
Piétons.	7,000	—
Surveillants.	860	—
	22,748	agents.

TITRE II. — **Dépenses de premier établissement et d'entretien.**

§ I. — *Premier établissement.*

Les dépenses de premier établissement se décomposent comme suit :

Lignes.	F.	49,300,840
Bâtiments.		11,860,000
Véhicules et chevaux. . . .		2,000,000
Appareils.		12,238,500
Ateliers de réparation. . . .		1,000,000
Mobilier et arrangement. .		505,200
Dépenses diverses.		95,960
Total.		77,000,000

§ II. — *Entretien.*

Les dépenses d'entretien se décomposent comme suit :

Personnel................F.	29,103,600
Lignes.....................	926,640
Bâtiments.................	237,200
Véhicules et chevaux.........	915,000
Appareils..................	1,284,880
Mobilier et arrangements.....	50,520
Piles......................	221,000
Intérêt du capital engagé dans le premier établissement......	3,850,000
Dépenses diverses...........	411,160
Total.........F.	37,000,000

RÉPARTITION DES DÉPENSES.

Ces dépenses d'entretien se répartissent de la manière suivante :

Dépenses du service des appareils mécaniques...............F.	15,622,040
» Morse........ .	2,990,960
» des lignes........	4,389,282
» générales.	13,997,718
Total...........F.	37,000,000

Les trois premières sont proportionnelles au nombre de dépêches que l'on se propose *à priori* de transmettre annuellement. La dernière est à peu près constante

TITRE III. — Dépenses d'entretien correspondant à divers nombres annuels de dépêches.

D'après cette dernière remarque,

Pour organiser une administration qui puisse transmettre par an	Il faut dépenser, pour l'entretien annuel, y compris l'intérêt du capital engagé dans le premier établissement,	Ce qui donne les prix de revient moyens suivants des dépêches,
25 millions de dépêches.	16,297,946	0 fr. 64 c.
50 —	18,598,374	0 37
100 —	23,198,630	0 23
150 —	27,799,086	0 18
200 —	32,399,542	0 16
250 —	37,000,000	0 15

A l'aide des chiffres qui viennent d'être établis, nous pouvons dresser le tableau suivant :

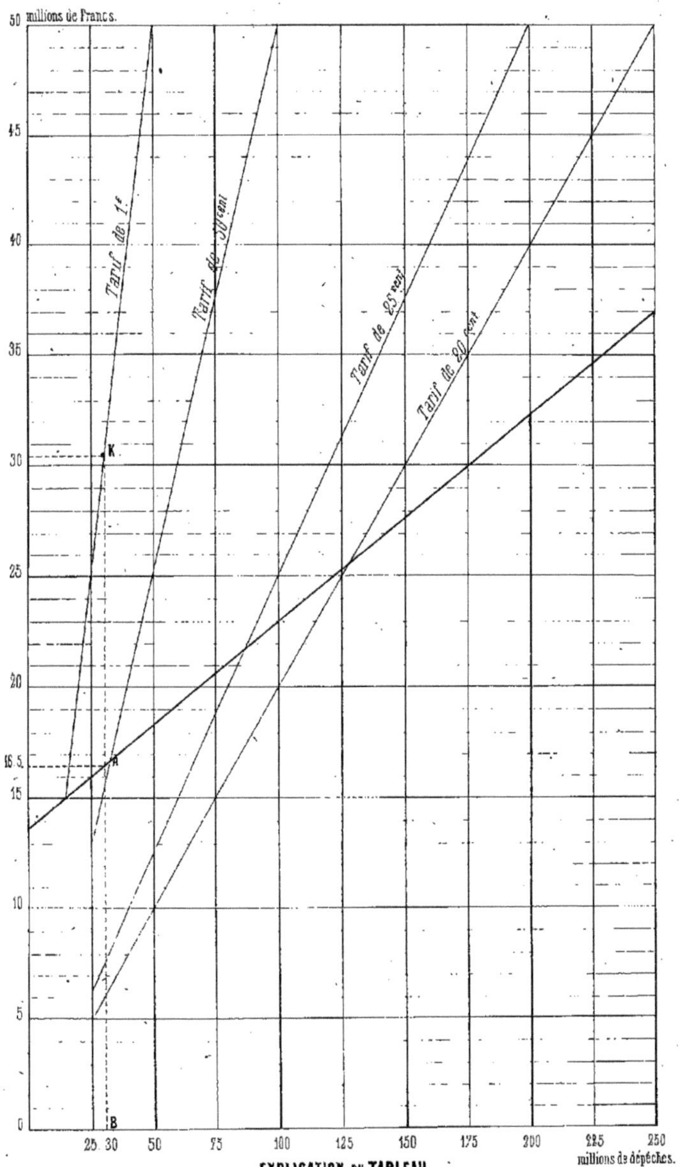

EXPLICATION DU TABLEAU

Le point K. par exemple, veut dire que si le Tarif de 1 f. produit 30 millions de dépêches par an, l'Administration organisée en vue de ce nombre de dépêches dépensera en frais d'entretien une somme AB-16 millions ½ et fera une recette brute de KB-30 millions ½.

Ce tableau a une haute signification ; il permet d'étudier la question télégraphique dans toute sa généralité. Nous allons en tirer quelques conséquences.

TITRE IV. — Tarif.

Au point de vue du *tarif,* nous déduisons du tableau précédent les conséquences suivantes :

Le tarif moyen de 20 c. devient rémunérateur à partir d'un nombre de
110 millions de dépêches par an.

—	25 c.	—	80	—
—	50 c.	—	30	—
—	1 fr.	—	15	—

TITRE V. — Recettes.

Au point de vue des recettes, nous déduisons du tableau précé-dent les conséquences suivantes :

produit par an (milions de dépêches, il donnera un bénéfice net de)	SI LE TARIF DE				
	0,20	0,25	0,50	1,00	2,00
	Millions.	Millions.	Millions.	Millions.	Millions.
25	— 11	— 10	— 4	9	34
30	— 10	— 9	— 4	11	41
50	— 9	— 6	6	31	81
75	— 8	— 4	14	52	127
80	— 7	— 3	17	57	137
100	— 3	2	27	77	177
110	— 3	3	32	97	197
150	2	10	47	122	272
175	3	11	55	143	318
200	7	18	68	168	368
225	8	19	75	188	410
250	13	25	88	210	463

Nos conclusions se résument dans ce tableau.

Ainsi que nous l'avons déjà dit, il ne nous est pas possible de pré-voir d'une manière certaine les effets d'un tarif télégraphique. Aussi plutôt que d'émettre par un chiffre une opinion qui ne saurait être à l'abri d'objections, nous préférons nous en tenir au tableau précédent, qui donne une réponse aux diverses conjectures que chacun peut faire sur le même objet. Nous croyons seulement qu'on y trouvera, comme nous, une très-grande probabilité pour que la télégraphie devienne la source d'un des revenus les plus importants du Trésor, en même temps qu'un des éléments les plus utiles aux relations sociales.

TITRE VI. — Observations diverses.

Parmi les diverses observations contenues dans ce chapitre, nous citerons les suivantes :

PORT DES DÉPÊCHES A DOMICILE. — Ce service, pour être bien administré, exige des soins particuliers et des connaissances spéciales, en ce qui concerne la direction des courriers, l'entretien des chevaux et des voitures. Il y aurait sans doute intérêt à en confier la direction à un entrepreneur, qui serait responsable des irrégularités commises, et recevrait une rémunération fixe par dépêche.

TORT COMMIS A LA POSTE. — Quelques personnes s'exagèrent le tort que le télégraphe peut faire au service de la poste.

Admettons, par exemple, que le système télégraphique que nous proposons soit, en France, en pleine activité :

En premier lieu, le nombre de lettres émanant des petites localités reste le même; le télégraphe n'y pénétrant pas encore, la poste y conserve toute son utilité. En outre, les lettres de détails d'affaires, les lettres de change, celles qui, par la signature de l'expéditeur, constituent un titre entre les mains du destinataire, sont autant de catégories auxquelles les dépêches télégraphiques ne peuvent se substituer.

D'un autre côté, si d'une part le télégraphe doit enlever à la poste une grande partie de ses lettres, il y aura de sa part restitution indirecte et de diverses manières. Ainsi, par exemple, l'habitant d'une localité où le télégraphe ne pénètre pas, ayant une dépêche à transmettre, écrira par la poste, au directeur du télégraphe le plus voisin, pour lui remettre le reste de sa dépêche.

Dans les affaires, la dépêche ne fera souvent qu'annoncer le départ d'une lettre, sans la remplacer.

Enfin, il faut bien y compter, l'impulsion immense que ces nouvelles facilités de correspondance imprimeront aux affaires, va les multiplier et développer de nouveaux besoins; si, d'une part, la poste reçoit moins de lettres importantes, elle aura à transporter un plus grand nombre de lettres de détail, d'affaires, de papiers et de pièces de toute nature.

Pour nous résumer, au lieu de considérer le télégraphe et la poste comme deux services antagonistes, incompatibles dans leur existence simultanée, on ne doit voir en eux que deux services également utiles, l'un donnant l'impulsion aux affaires, l'autre leur apportant tous les éléments d'ordre et de régularité nécessaires pour les mener à bonne fin.

PETITE POSTE. — L'État opérerait aussi une grande économie, et ferait une innovation utile en supprimant tout le personnel des postes affecté à la distribution des lettres de la ville pour la ville, dans les grands centres, et en confiant cette distribution aux courriers et piétons du télégraphe. Ces lettres, en effet, exigent une prompte expédition, et le service de distribution des dépêches télégraphiques serait merveilleusement disposé pour le port immédiat à domicile. Il n'y aurait pas lieu de faire faire de même la distribution des lettres venant de province : d'abord ce ne serait que déplacer le service des facteurs d'une administration dans l'autre, et puis, avec un service télégraphique, les lettres de province n'auraient plus le caractère d'urgence qui rend aujourd'hui leur prompte distribution nécessaire.

PAIEMENT D'ESPÈCES. — Il est encore une combinaison qui peut devenir la source de recettes importantes, c'est celle qui se rattache, nous ne dirons plus *aux envois d'argent*, mais au paiement d'espèces.

Un négociant de province, par exemple, veut effectuer un paiement à Paris : il verse la somme à payer à la caisse du télégraphe de sa localité; le caissier lui en donne reçu et transmet au caissier de Paris l'avis télégraphique de payer le destinataire; celui-ci, informé par une lettre d'avis qui lui parvient par le service du *port à domicile,* se présente à la caisse, touche la somme, et en donne récépissé. Le négociant de province est aussitôt avisé que le paiement a été effectué.

Les caissiers du télégraphe, ayant toujours de l'argent en caisse, pourraient ainsi payer les sommes qui ne dépasseraient pas un certain chiffre. Des mesures spéciales seraient prises pour que, dans un cas exceptionnel de manque de fonds, le directeur du télégraphe pût faire immédiatement l'emprunt qui lui serait nécessaire.

Il y aurait dans cette manière prompte d'opérer de grands avantages pour le commerce, et des bénéfices élevés pour l'administration télégraphique.

Dépêches du Gouvernement. — Nous n'avons encore rien dit des dépêches du Gouvernement, mais cette question ne présente aucune difficulté.

Les dépêches du Gouvernement sont de deux sortes : les unes peuvent être connues, sans inconvénient, des agents du télégraphe. Dans le premier cas, elles sont transmises comme les dépêches privées, mais ont sur elles une priorité absolue. Dans le second, le Gouvernement fait usage des conventions spéciales connues seulement des directeurs de télégraphe ou des fonctionnaires auxquels les dépêches sont adressées.

Avec les nouveaux moyens, le Gouvernement peut aisément multiplier ses dépêches. Plusieurs compositeurs seront, s'il le faut, mis à l'œuvre, et quelle que soit la longueur des dépêches, la transmission sera toujours rapide. L'expérience apprendra sans doute à reconnaître qu'à certaines heures de la journée, le service de la télégraphie privée perd de son activité : le Gouvernement pourra, indépendamment de la transmission de ses dépêches urgentes, utiliser ces heures de calme pour l'administration de son service dans les départements et la prompte exécution des affaires de l'État.

Chemins de fer. — Le système actuel de télégraphie, sur les Chemins de fer, offre un inconvénient grave : le service est fait dans toutes les stations, sauf les plus importantes, il est vrai, par les employés même de la Compagnie. Ces employés doivent à chaque instant abandonner le service du Chemin de fer pour répondre aux nombreux appels du télégraphe, et la perte de temps journalière qui en résulte oblige souvent les Compagnies à placer dans les stations un surcroît de personnel. Sans nul doute, il faut que les chefs de station aient à leur disposition un télégraphe commode et facile, comme le télégraphe à cadran dont ils font actuellement usage; mais il y a une distinction essentielle à faire : les dépêches télégraphiques d'un chemin de fer sont de deux sortes : les unes intéressent la *sécurité*, les autres le *service général* de la compagnie :

Les premières, qui commandent la suppression des intermédiaires, qui exigent des réponses immédiates, qui souvent même constituent un long échange de conversations, doivent être transmises par les chefs de station même.

Pour les autres, au contraire, les Compagnies auront un très-grand intérêt à s'adresser directement au télégraphe de l'État. En premier lieu, les employés du Chemin de fer sauront qu'ils ne manœuvrent le télégraphe que dans des cas qui intéressent directement la sécurité des trains. Cette rareté des dépêches stimulera d'autant plus vivement leur attention. En outre, ils ne seront plus détournés fréquemment de leur service ordinaire, et la Compagnie gagnera une plus grande régularité dans la conduite de ses affaires. Enfin, les dépêches étant remises au télégraphe de l'État, elles seront confiées à des agents qui ont l'habitude du service, et dont l'habileté sera une garantie de prompte et régulière transmission.

L'État accorderait d'ailleurs aux Compagnies une forte réduction de tarifs.

NOTES.

NOTE 1.

1° Recherche du nombre de transmissions de 20 mots équivalant à 1 dépêche télégraphique.

Pendant le mois de novembre 1858, le poste central de Paris a transmis :

830 dépêches de 1 à 15 mots.
231   —   de 16 à 20 —
147   —   de 21 à 25 —
235   —   de 26 à 50 —
66   —   de 51 à 100 —
0   —   au-dessus de 100 mots.

Total.... 1,509 dépêches.

Or,   830 dépêches de 15 mots donnent........... 12,450 mots.
231   —   de 18 mots en moyenne donnent   4,158 —
147   —   de 23   —   —   3,381 —
235   —   de 38   —   —   8,930 —
66   —   de 75   —   —   4,950 —

Total.... 33,869 mots.

Chaque dépêche contient donc en moyenne : $\dfrac{33,899}{1,509} = 22$ mots.

Cette moyenne se rapporte à la fois à des *dépêches de service*, des *dépêches privées* et des *dépêches du Gouvernement*. Néanmoins, comme les dépêches du Gouvernement sont d'ordinaire plus longues, nous avons pris la statistique d'un jour, en faisant la distinction entre les dépêches privées et de service, et les dépêches du Gouvernement :

Le 2 décembre 1858, le poste de Paris a reçu 78 dépêches privées, dont le total a donné 1,744 mots, et 25 dépêches du Gouvernement, dont le total a donné 859 mots.

Chaque dépêche privée était donc composée, en moyenne, de 22 mots (nous retrouvons exactement la moyenne du mois de novembre), et chaque dépêche du Gouvernement de 34 mots.

Nous adoptons ces moyennes :

Nombre de mots d'une dépêche privée............. 22
—   *d'une dépêche de service*.......... 22
—   *d'une dépêche du Gouvernement*.... 34

2° Recherche du nombre de transmissions nécessitées par chaque dépêche.

Si nous prenions dans tous les postes de la France :

1° *Le nombre total de dépêches* ARRIVÉES, *nous aurions le* NOMBRE TOTAL DE DÉPÊCHES ;

2° *Le nombre total de dépêches* ARRIVÉES ET DE PASSAGE, *nous aurions le* NOMBRE TOTAL DE TRANSMISSIONS ;

Et le rapport de ces deux nombres donnerait, en moyenne, le nombre de transmisions nécessitées par chaque dépêche.

Par approximation, nous prendrons ce rapport pour Paris seulement, et nous serons très-près de la vérité, puisque le nombre de dépêches de Paris est à peu près la moitié de celui de la France entière :

Du 1ᵉʳ au 10 décembre 1858.

Nombre de dépêches arrivées à Paris...................... 4,500

Nombre moyen des dépêches de passage...... 3,690

Qui, augmenté du nombre de dépêches arrivées 4,580 { donne 8,270

Le rapport de ces deux nombres est 1,8.

Donc 1 dépêche nécessite 1,8 transmission.

NOTE 2.

Recherche du travail moyen d'un appareil de Paris.

Travail du poste central de Paris, du 1ᵉʳ au 10 décembre 1858.

La province ou l'étranger ont envoyé à Paris 4,580 dépêches, qui ont été reçues par le poste central.

Ce poste en a distribué directement en ville, par ses piétons, 580, qui ont ainsi donné lieu à...................... .... 580 réceptions.

Il en a transmis aux succursales 4,000, qui ont ainsi donné lieu à 4,000 réceptions.

Et à.. 4,000 transmissions.

Comme, à chaque réception, correspond une transmission, le travail des appareils est équivalent pour ces dépêches à....... 8,580 transmissions.

De même, le poste central a expédié à la province ou à l'étranger 4,890 dépêches.

890 ont été présentées directement par les expéditeurs, soit.. 890 transmissions.

4,000 ont été reçues des succursales pour être réexpédiées en province ou à l'étranger, et ont donné lieu à 4,000 réceptions et 3,000 transmissions, soit.............. .... 8,000 transm. ou réc.

Équivalant à...................... .... 8,890 transmissions.

Ces deux nombres de 8,580 et 8,890 dépêches donnent un total de 17,470, qui multiplié par $\frac{22}{20}$ pour être ramené aux *transmissions de 20 mots*, nous apprend que, *en 10 jours, le poste central a opéré 19,200 transmissions de 20 mots*.

Or, le nombre d'appareils de ce poste est de 72 (68 Morse et 4 cadrans) ;

Donc, *au poste de Paris, chaque appareil transmet, en moyenne, 26,5 dépêches par jour*, ou bien, *chaque fil sert à transmettre 53 dépêches par jour*.

NOTE 3.

Recherche du travail d'un appareil de Paris sur les lignes principales.

Nombre de dépêches passées pendant 10 jours au poste central de Paris, en décembre 1858.

1° Sur un des fils de Lyon... 900
2° Sur un des fils de Londres........................... 900
3° Sur le fil du Havre................................... 850
4° Sur un des fils qui relient le poste central à la rue Vivienne.. 1,400 (1)

Soit environ 900 dépêches.

Ce nombre multiplié par $\dfrac{22}{20}$ donne 990, soit 1,000 transmissions de 20 mots.

Donc, *sur les lignes principales, un appareil Morse opère par jour 1000 transmissions de 20 mots.*

NOTE 4.

Durée moyenne des dérangements de lignes.

Statistique du poste télégraphique de Bordeaux, période du 10 octobre au 10 novembre inclus 1858 (30 jours). — Durée du service, de 8 heures du matin à 9 heures du soir.

	NOMBRE D'HEURES pendant lesquelles la transmission a été		
	bonne.	pénible.	impossible.
Sur le fil n° 1, de Paris à Bordeaux........	343 h. 1/4	7 h. 1/4	39 h. 1/2
Sur le fil n° 2, de Paris à Bordeaux........	340 1/4	9	40 3/4

Par suite :

	SUR 100 HEURES, LA TRANSMISSION A ÉTÉ	
	bonne pendant	pénible et impossible pendant
Sur le fil n° 1	87 h. 5 m.	12 h. 5 m.
Sur le fil n° 2..	87 3	12 8

Aucun fait particulier n'ayant fait reconnaître une cause spéciale aux dérangements observés, et d'ailleurs les résultats observés sur deux fils différents (supportés il est vrai par les mêmes poteaux) étant à peu près identiques, on peut accepter ces résultats comme une moyenne et conclure qu'*avec le système actuel de lignes télégraphiques, les dérangements paralysent le fonctionnement des appareils pendant les 3/20 du temps.*

(1) Cette ligne, étant souterraine, sort des conditions des lignes ordinaires ; aussi nous n'en tenons compte que comme *memento*

NOTE 5.

Détermination du nombre moyen de dépêches présentées annuellement par chaque personne usant du télégraphe.

La statistique du Poste de Bordeaux a donné les résultats suivants :

	NOMBRES de dépêches transmises.	NOMBRES d'individus qui les ont transmises.	RAPPORTS.
Du 1er au 15 janvier 1858........	784	377	2,1
Du 1er au 15 avril 1858..........	573	336	1,7
Du 1er au 15 juillet.............	786	444	1,8
Du 1er au 15 octobre.............	856	467	1,
	2976	1624	moyenne 1,84

Or, parmi les 377 individus différents de janvier et les 336 individus différents d'avril, par exemple, il y a un certain nombre d'individus communs.

Ayant besoin, ainsi que nous allons le reconnaître, du nombre d'individus différents des quatre quinzaines, nous avons fait un dépouillement par ordre alphabétique qui a donné les résultats suivants :

LETTRES.	NOMBRE de dépêches.	NOMBRE d'individus.
A....................	107	46
B....................	344	149
C....................	275	108
D....................	253	126
E, F, G, H, I, J, K...	494	234
L....................	412	130
M....................	343	101
N....................	14	12
O....................	11	5
P....................	116	62
Q....................	2	2
R....................	111	57
S....................	173	70
T....................	74	37
U, V, X, Y, Z.......	94	49
Totaux........	2,817	1,187

Par suite d'une légère erreur, qui doit être attribuée à la difficulté très-réelle du dépouillement, nous trouvons ici 2,817 dépêches au lieu de 2,996

Avec le nombre 2,817, le rapport du nombre de dépêches au nombre d'individus est de.. **2,37**

Avec le nombre 2,996, ce rapport est de................................ **2,51**

Nous prenons la moyenne de ces deux nombres pour atténuer l'erreur; soit.. **2,44**

Nous concluons des chiffres précédents que :

1° Dans une période de quinze jours, chaque individu fait passer 1,84 dépêches.

2° Dans une période de deux mois (quatre fois quinze jours, la constance du rapport de chaque quinzaine nous autorisant à étendre cette constance à toutes les quinzaines de l'année), chaque individu fait passer 2,44 dépêches.

Ainsi, lorsqu'on prend une période quatre fois plus longue, le nombre de dépêches transmises par un individu se trouve multiplié par le co-efficient $\frac{2,44}{1,84} = 1,3$.

Donc, lorsqu'on prend une période six fois plus longue, le nombre doit être multiplié par un co-efficient $= 1,3 \frac{6}{4} = 1,9$.

Et puisque 2,44 est le nombre correspondant à quatre quinzaines, on en conclut que *le nombre de dépêches transmises par un individu en vingt-quatre quinzaines, c'est-à-dire en un an, est de* 2,44 $\times$ 1,9 $= 4,60$.

Soit environ cinq dépêches par individu et par an.

NOTE 6.

Recherche approximative du nombre d'individus qui feraient usage du télégraphe en France, si la taxe était à la portée de toutes les classes de la société.

D'après le recensement de 1851, la population de la France se décompose comme suit :

1° AGRICULTURE.

DÉSIGNATION.	HOMMES.	FEMMES.	TOTAUX.
Propriétaires cultivateurs.................	2,733,977	2,385,174	5,119,154
Fermiers............................	567,738	488,637	1,056,375
Fermiers propriétaires..................	340,538	285,032	625,570
Fermiers exerçant en même temps une autre profession.........................	80,184	55,262	135,446
Métayers............................	403,370	347,534	750,904
Métayers propriétaires.................	94,918	73,062	168,000
Métayers exerçant en même temps une autre profession...........................	40,944	48,318	69,262
Journaliers agricoles..................	1,778,083	1,369,497	3,347,580
Journaliers propriétaires...............	445,846	340,769	785,815
Journaliers exerçant en même temps une autre profession......................	115,039	76,723	191,762
Domestiques attachés à la ferme.........	1,049,581	852,740	1,902,251
Bûcherons, charbonniers................	122,581	43,779	166,360
Totaux............	7,771,929	6,546,547	14,318,476

2° INDUSTRIE ET COMMERCE.

DÉSIGNATION.	MAITRES.	OUVRIERS, apprentis, aides ou commis.	FEMMES.	TOTAUX
GRANDES INDUSTRIES ET MANUFACTURES.				
Fabrication des tissus, coton, soie, laine, lin, chanvre, poils, crins.	61,420*	434,380	477,063	969,863
Industrie extractive, ou exploitation des mines, carrières, tourbières....................	20,042	65,305	10,919	96,266
Fabrication du fer, de la fonte et de l'acier...	5,742	39,793	3,104	48,639
Fabrication des autres métaux..	1,609	8,979	1,555	12,143
Fabrication en gros d'objets ou d'ouvrages dont le fer forme la base....................	11,057	36,679	4,749	52,485
Fabrication en gros d'objets ou d'ouvrages dont les autres métaux forment la base........	1,917	9,311	1,557	12,785
Manufactures diverses.........	22,346	84,223	32,510	139,079
Totaux	124,133	675,670	531,457	1,331,260
PETITES INDUSTRIES ET COMMERCE.				
Industries du bâtiment........	390,583*	497,501	52,165	940,249
— de l'habillement	394,491*	372,665	1,150,130	1,897,286
— de l'alimentation	407,405*	187,017	339,142	933,464
— des transports	210,135*	212,187	42,164	464,486
— relatives aux lettres.	19,237	38,186	13,387	70,810
— de luxe............	31,510*	49,850	21,609	102,969
Autres industries	70,675*	64,502	104,810	239,987
Professions diverses relatives au commerce, agents de change, banquiers. courtiers, facteurs, etc....................	24,298*	22,316	7,461	43,775
Totaux	1,548,334	1,434,224	1,730,468	4,713,026

3ᵒ PROFESSIONS LIBÉRALES.

DÉSIGNATION.	HOMMES.	FEMMES.	TOTAUX.
Propriétaires vivant du produit de leurs propriétés. — Rentiers	523,970*	573,956	1,097,926
Pensionnés de l'État, des communes	63,238*	10,126	73,364
Magistrats, fonctionnaires et employés du Gouvernement	112,848*	4,637	117,485
Employés des communes	58,463	1,886	60,249
Employés chez des particuliers ou dans des administrations particulières	84,184	10,522	94,706
Militaires et marins	356,732*	3,453	360,185*
Pharmaciens, médecins, sages-femmes	26,758	12,666	39,424*
Avocats, officiers ministériels, agents d'affaires	29,262	788	30,050
Instituteurs et professeurs	58,084	36,357	88,444
Artistes, architectes, musiciens, peintres, chanteurs, comédiens, sculpteurs, statuaires	19,482	4,357	23,839*
Hommes de lettres et savants	4,465	126	4,591
Ecclésiastiques et religieuses	52,885	29,486	82,371
Étudiants des facultés et des écoles spéciales	18,634	1,081	19,715
Étudiants des établissements d'instruction secondaire	76,553	33,207	109,760
Autres professions libérales	38,644	27,210	65,854*
TOTAUX	1,524,102	743,858	2,267,960

4ᵒ DOMESTICITÉ, DÉSIGNATIONS DIVERSES, INDIVIDUS SANS PROFESSION.

DÉSIGNATION.	FEMMES.	HOMMES.	TOTAUX.
Domestiques attachés à la personne, au ménage ; garçons de café, de restaurant, etc.	287,750	618,916	906,666
DÉSIGNATIONS DIVERSES.			
Mendiants et vagabonds	94,928	122,118	217,046
Détenus	31,321	8,150	39,471
Individus sans moyens d'existence connus	139,461	216,680	356,141
Infirmes vivant dans les hospices	33,112	38,001	71,113
INDIVIDUS SANS PROFESSION.			
Femmes vivant du travail ou du revenu de leurs maris	»	2,883,206*	2,883,206
Enfants en bas âge à la charge de leurs parents	4,130,000	4,548,805	8,678,805
TOTAUX	4,428,822	7,816,960	12,245,782

Population totale..... 17,988,211 femmes.
17,794,959 hommes.

35,783,170 habitants.

Nous choisissons dans ce tableau certaines professions, et dans ces professions les nombres d'individus marqués d'un astérisque, ces individus nous paraissant seuls appelés, par leurs positions sociales, à user du télégraphe.

De plus, nous multiplions chaque nombre par une fraction proportionnée à l'importance télégraphique que nous assignons. La base de ce calcul est la suivante :

1 pour les affaires de bourse.

4/5 pour le haut commerce.

3/5 pour le moyen commerce.

2/5 pour le petit commerce.

1/5 pour les affaires de famille.

Une fois déterminé, le nombre total d'individus que nous supposons appelés en France à user du télégraphe, nous multiplions chaque nombre partiel par une fraction indiquant la proposition de ces individus que nous supposons habiter dans les 171 villes principales ouvertes à la télégraphie. Ces diverses considérations donnent lieu au tableau suivant :

DÉSIGNATION DES PROFESSIONS.	NOMBRE d'individus pris dans ces professions.	PROPORTION de ces individus usant du télégraphe.	NOMBRE résultant.	PROPORTION de ces individus habitant dans les 171 villes principales de France.	NOMBRE résultant.
Tissus..........................	61,420	4/5	49,136	1/2	24,568
Industrie des bâtiments............	390,583	1/5	78,117	1/2	39,058
— de l'habillement	394,494	2/5	157,796	2/3	105,197
— de l'alimentation..........	407,405	2/5	162,962	1/5	32,592
— des transports............	210,135	4/5	167,108	4/5	132,488
— de luxe	31,510	3/5	18,906	1	18,906
— diverses...............	70,675	2/5	28,270	1/2	14,135
Agents de change, banquiers, etc....	24,298	4/5	19,438	1	19,438
Propriétaires.....................	523,970	1/8	104,794	1/2	52,397
Pensionnaires de l'État............	63,238	1/5	12,647	4/5	50,590
Magistrats, fonctionnaires..........	112,848	1/5	22,569	3/5	67,309
Militaires et marins..............	356,732	1/10 de 1/5	7,134	3/5	4,284
Pharmaciens, médecins, sage-femme.	39,424	1/5	7,885	4/5	6,308
Avocats, officiers ministériels.......	30,050	3/5	18,030	4/5	14,424
Artistes, sculpteurs, professeurs, etc.	23,839	1/5	4,768	1	4,768
Étudiants......................	19,715	1/5	3,943	1	3,943
Femmes rentières................	2,883,206	1/5	576,641	1/2	288,320
Totaux............	5,640,539		1,441,144		878,719

Soit 880 mille individus.

NOTE 7.

Constation d'identité.

Nous citons ici un passage du rapport de la Commission nommée en 1850 au sein de l'Assemblée Nationale, pour l'examen du projet de loi sur la correspondance télégraphique privée, loi qui parut le 29 novembre 1850.

« L'article 1er du projet de loi était ainsi conçu dans sa première partie : *Il est per-*

» *mis à toute personne de correspondre*...... Les mots : *Il est permis à toute personne*
» *de correspondre*..... ont donné lieu à un sérieux examen. Ils impliquaient, en effet,
» pour tout individu, le droit d'entrer dans la station télégraphique et de reclamer
» l'usage des appareils, la possibilité de le faire sous un nom supposé et de transmettre
» une nouvelle fausse, avec une certitude presque complète d'échapper à toute pour-
» suite ultérieure. Il ne nous a point paru possible d'organiser un service aussi impor-
» tant dans de telles conditions, et nous vous proposons de rédiger ainsi le commence-
» ment de l'article 1er : « Il est permis à toute personne dont l'*identité* est *établie* de
» correspondre..... » C'est-à-dire que celui qui se présentera pour faire usage du télé-
» graphe électrique, devra justifier de son identité par l'un des moyens dont la dési-
» gnation est laissée par l'article 11 aux soins de l'administration.

» Cette modification, qui a été adoptée à l'unanimité par la Commission, est entière-
» ment dans l'intérêt de la sécurité du nouveau mode de correspondance. Lorsque dans
» l'état actuel des choses, on reçoit par la poste une dépêche écrite, on a pour garantie
» l'écriture et la signature, ordinairement connues, de celui qui l'adresse ; et si la ma-
» tière est grave, on ne livre point à une écriture, à une signature suspecte. Il en serait
» autrement dans le système du projet de loi : la dépêche qu'on recevrait par le télé-
» graphe électrique n'offrirait souvent aucune garantie de sincérité. Sans aucun doute,
» les commerçants, habituellement en relation d'affaires, adopteraient un signe, une
» devise caractéristique de leur correspondance, qui les mettrait à l'abri de la fraude ;
» mais les dépêches accidentelles entre particuliers, entre les familles, entre gens d'af-
» faires même, manqueraient de tout caractère propre à donner quelque confiance à la
» vérité de leur origine.

» Assurément, la première condition de l'emploi d'un télégraphe est la célérité, et
» l'on manquerait au principe de la loi en apportant dans un tel service des entraves à
» la rapidité d'action. Nous n'avons voulu rien de pareil, et c'est pour cela que nous
» avons laissé à l'Administration le droit de caractériser, d'énumérer les différents
» genres de preuves qui lui paraîtront suffisantes. Ainsi les commerçants qui voudront
» faire un usage habituel du télégraphe électrique, ne regarderont certainement pas
» comme une entrave, mais bien plutôt comme une garantie, qu'une fois pour toutes, il
» ait été délivré par l'Administration une pièce probante dont la représentation ulté-
» rieure rendrait impossible toute usurpation de leur nom. Les particuliers pourraient
» obtenir du commissaire de police de leur quartier une attestation d'identité qui ne
» devra entraîner aucun frais, ni aucun retard de quelque importance. Les étrangers
» aux localités seraient admis à faire usage du télégraphe sur la simple présentation de
» leurs passeports. Il est d'ailleurs entendu que rien dans la clause que nous intro-
» duisons ne porterait obstacle au passage ou à la réception des dépêches venant de
» l'étranger. »

Bordeaux. — Imp. G. Gounouilhou, place Puy-Paulin, 1.

www.ingramcontent.com/pod-product-compliance
Ingram Content Group UK Ltd.
Pitfield, Milton Keynes, MK11 3LW, UK
UKHW020334130726
13696UKWH00003B/1336